외동아이
이렇게
키웠습니다

외동아이 이렇게 키웠습니다

엄주하 지음

엄마도 크고 아이도 크는
외동 엄마의 행복한 육아 비법

다독다독

차례

1부 왜 하나만 낳기로 했나?

사회적 시선보다 내 삶의 가치가 더 중요한 시대

2부 외동아이일수록 엄마 공부가 필요하다

외동아이의 약점을 강점으로 만드는 엄마의 행동 철학

3부 외동아이에게 맞는 교육법은 따로 있다

육아 경험 100% 외동 엄마의 실전 노하우

1 시기별 맞춤 교육법

2 현명한 아이로 키우려면 8가지를 지켜라

3 행복한 엄마가 행복한 아이를 만든다

1부 —— 왜 하나만 낳기로 했나?

사회적 시선보다 내 삶의
가치가 더 중요한 시대

똑똑한 엄마는 하나만 낳는다

> 2015년 저출산 극복 포스터 공모전에서 〈하나는 부족합니다〉라는 카피가 들어간 포스터가 금상을 차지했다.

포스터의 한쪽은 흐린 하늘 배경에 노랗게 죽어 가는 떡잎 하나가 있고, 다른 한쪽은 푸른 하늘 배경에 크고 싱싱한 떡잎 두 개가 있다. 카피 아래에는 〈외동아이는 형제가 없기 때문에 사회성이나 인간적 발달이 느리고 가정에서는 무엇이든지 마음대로 이루어 보았으므로 자기중심적이 되기 쉽다〉라는 문구가 쓰여 있다.

2017년 통계청 발표에 따르면 우리나라는 4인 가구(18.4퍼센트)보다 3인 가구(21.5퍼센트)가 더 많으며 가구당 평균 자녀 수는 1.17명이다. 이처럼 3인 가구가 보편화되고 있음에도 외동아이가 자기중심적이라는 편견이 여전히 존재해 한 아이를 키우는 엄마로서 속상할 때가 많다. 정말 포스터의 내용처럼 외동아이는 이기적이고 사회성이 없을까? 정말 둘은 낳아야 하는 걸까?

사회성이 낮고 이기적이라는 것은 편견

외동아이에 대한 고정 관념은 1896년 미국 심리학자 그랜빌 스탠리 홀Granville Stanley Hall이 주도한 아동에 관한 연구에서 비롯되었다. 『이상하고 예외적인 아동들에 대해Supervised The Study Of Peculiar and Exceptional Children』에서 홀은 〈외동아이는 다소 자기중심적이고 사회성이 부족하여 사회에 적응하기 어렵다〉고 주장했다. 수많은 학자와 전문가들이 이 연구를 인용하면서 미국은 물론 세계 곳곳에 외동아이에 대한 부정적인 인식이 번져 나갔다. 우리나라도 예외는 아니었다.

홀의 주장에 본격적인 반론이 제기된 것은 거의 100년 뒤인 1970년대에 들어서다. 텍사스 대학교 교육 심리 사회학자 토니 팔보Toni Falbo는 외동아이로 구성된 그룹과 형제 있는 아이로 구성된 두 그룹을 대상으로 리더십, 성숙도, 사회성, 유연성, 안정성 등 16가지 성향을 비교 연구했다. 그 결과 두 그룹 사이에는 별다른 차이점이 발견되지 않았다. 또 외동아이가 독선적이고 적응력이 부족하다는 것을 증명하는 과학적 근거도 없었다. 오히려 성취동기와 자존감은 더 높았다. 부모의 사랑을 독차지하므로 심리적으로 안정되어 자존감이 높았고, 형제 간의 경쟁이 없었기에 또래 관계에서 관대했다. 게다가 혼자 있는 동안 누군가의 방해를 받지 않고 깊이 몰두할 수 있어 창의적이었다. 즉 외동아이의 환경이 오히려 장점으로 작용한 것이다. 미국의 사회 심리학자 수전 뉴먼Susan Newman은 〈외동아이는 일대일로 지적 자극을 받으므로 형제가 있는 아이보다 더 행복하고 학업 능력도 앞선다〉고 말했다. 또한 〈민주적인 양육 방식으로 길렀을 때, 외동아이는 일일이 보살핌을 받기 힘든 형제가 있는 아이보다 훨씬 더 유리한 양육 환경에 놓인다〉고 주장했다.

일본에서 30년간 교육 상담을 해온 메이지 대학교의 모로토미 요시히코諸富祥彦 교수 역시 『외동아이 키울 때 꼭 알아야 할 것들ひとりっ子の育て方』에서 외동아이에 대한 부정적 이미지는 근거가 없으니 부모가 죄의식을 가질 필요가 없다고 말했다. 이후에도 많은 학자들에 의해 형제가 있는 아이라도 원하는 것은 무엇이든 들어주며 키운 아이는 자기중심적이거나 독선적인 성향을 갖게 된다는 사실이 밝혀졌다. 즉 형제자매 여부와 상관없이 부모의 양육 태도가 아이의 성향을 결정한다는 것이다. 이렇듯 형제의 유무가 사회성에 절대적인 영향을 주는 것이 아니라는 사실이 명백해졌음에도 외동아이에 대한 부정적인 생각이 쉬이 바뀌지 않는 이유는 무엇일까?

행복한 아이로 키우려면 부모가 직접 결정하라

문화, 정치, 종교, 성 평등에 걸쳐 사회적 문제를 다뤄 온 저널리스트 로런 샌들러Lauren Sandler는 『똑똑한 부모는 하나만 낳는다One and Only』에서 가족과 아동 발달에 있어서는 민간의 조언과 대중의 믿음, 즉 고정 관념이 전문 지식을 밀어내고 고스란히 그 자리를 차지한다고 밝혔다. 500건이 넘는 연구가 외동아이에 대해 편견이라고 발표하지만, 대중이 믿고 싶어 하지 않기에, 아무리 정확하고 신빙성이 있어도 이 같은 연구 결과는 무시된다고 한다. 보고 싶은 것만 보고 믿고 싶은 것만 믿는 이러한 대중의 속성 때문에 외동아이에 대한 부정적인 인식이 쉽게 바뀌지 않는다는 것이다.

아이를 하나만 낳는 데에는 늦은 결혼, 맞벌이, 양육비 부담, 난임, 집중 육아 선호 등 나름대로의 이유가 있다. 그러나 이런 개인의 사정을 무시한 채 하나만 낳았다는 이유로 당사자에게 불편한 시선을 보내는 경우가 많다. 나 또한 사회적 압력과 시선을 견뎌야 했다. 아이가 커서 손이 덜 가자 주변에서 식구를 하나 더 늘리는 것은 어떠한지를 말하기 시작했다. 직장, 아이, 집안일을 혼자 감당하기에도 힘든데 아이 하나가 더 생긴다면 두 배 아니 그 이상 힘들 것이 뻔히 보였다. 아이가 세 살 되었을 때 둘째를 낳지 않겠다고 선언했다. 그러자 자기 편하자고 하나만 낳는 게 아니냐는 말이 들려왔다. 시어머니는 아들을 낳아야 한다고 했고, 친정어머니는 아이가 외로워한다는 핑계로 하나 더 낳기를 원했다. 지하철이나 버스에서 마주친 낯선 사람들까지도 둘을 강조했다. 〈형제를 만들어 주면 아이들끼리 놀아 손이 안 가서 키우기 편하다〉, 〈그래야 외롭지 않고 서로 의지하면서 지낸다〉, 〈여자라면 아이를 낳아 집안의 대를 이어 줄 의무를 가진다〉 등 엄마나 여자라는 이유로 조언을 넘어선 폭력에 가까운 말들을 감당해야 했다.

〈엄마의 진정한 사랑은 희생이다〉라는 말이 있는데 좋은 엄마가 되려면 반드시 희생을 감수해야 한다는 말이나 다름없다. 사람들은 유독 육아만은 엄마로서 당연히 희생해야 할 만큼 가치 있는 일이라고 여기면서 여성 개인 삶의 가치는 그보다 낮게 평가한다. 육아가 여성만의 몫이라는 사고방식은 가정 내에서 남성과 여성의 역할을 완충하지 못한 채 여성에게만 커다란 역할과 짐을 지어 왔고, 결국 아이를 낳을수록 경력과 자아 성취에서 멀어지게 만들었다. 만약 개인으로서의 삶을 포기하지 않는다면 친정어머니나 시어머니 등 또 다른 여자이자 엄마의 희생을 불러올 수밖에 없다. 그렇게 연쇄적인 여성들의 희생으로 한국 사회가 이루어지고 있다.

많이 낳기를 원한다면 여성의 출산만 강요할 게 아니라 잘 키우기 위한 사회 시설, 제도부터 개선해야 한다. 1990년대까지 대표적인 저출산 국가였던 프랑스는 일찌감치 이러한 문제를 인식하여 자녀를 둔 여성의 직장 복귀를 법적으로 지원하고, 미취학 아동의 어린이집 무상 보육을 실시하며, 어린이집에 가지 않아도 양육비를 지원하고 가족을 위한 법적 근무 시간을 단축하는 등 보육 지원 정책을 펼쳐 왔다. 또한 모든 차별에 반대한다는 철학적 개념을 바탕으로 남녀 모두 가정과 직장을 양립시킬 수 있도록 부모가 함께 아이를 키우고 같이 집안일을 해야 한다고 시민 의식을 변화시켰다. 그 결과 1990년 한 가정당 1.6명이던 자녀 수는 현재 2.08명으로 늘어났다. 〈아이는 여성이 낳지만, 사회가 함께 키운다〉는 슬로건 아래 출산과 육아에 대한 국가의 책임과 역할을 강조하며 노력한 결과라고 할 수 있다.

우리나라도 저출산이 사회 문제로 대두되자 〈슈퍼 우먼 방지법〉이나 남편 육아 관련법 등 법적 제도를 마련하고 경제적 지원을 확대하면서 다각도로 변화하려는 움직임이 생기고 있다. 그러나 여전히 사회적 인식은 부족하고 지원은 충분하지 않아 아이가 늘어날수록 엄마의 삶은 희생과 의무, 책임으로만 채워지고 있다. 육아는 가족 모두가 조금씩 분담해야 하는 것이며 그래야 다 같이 행복해진다.

사회가 우리 가족 수를 강요한다

제2차 세계 대전으로 일손이 부족해진 나라들은 결혼과 아이, 가족주의를 강조하며 베이비붐을 일으켰다. 그 결과 1950년대까지 미국에서는 한 가정당 평균 5~6명의 자녀를 낳았고 이는 인도의 출산율과 맞물려 인구 폭발을 가져왔다. 그러나 21세기 산업화 시대로 들어서면서 노동의 수요가 줄어들자 전 세계적으로 인구 감소 정책이 등장했다. 1980년대에 들어 중국은 한 가구당 한 자녀 정책을, 우리나라는 〈축복 속에 자녀 하나〉를 외치며 오히려 외동아이가 정서적으로 바람직하다고 강조했다. 그런데 최근 들어서는 반대로 저출산 극복을 위한 캠페인이나 정책들이 등장하고 있다. 여기서 중요한 것은 한 자녀가 옳은지 다자녀가 옳은지를 떠나, 당시 사회가 필요로 하는 가치나 정부의 입장에 따라 가족의 형태와 숫자가 변한다는 것이다.

유행하는 옷을 구입하듯 사회적 흐름이나 고정 관념에 따라 삶의 방식을 선택하는 것은 아닌지 생각해 볼 필요가 있다. 〈아이 키우기가 최우선인가, 육아와 내 삶의 균형을 찾는 것이 최우선인가?〉 이러한 결정은 주변의 압력으로 떠밀리듯이 하는 것이 아니다. 삶의 주인이 되어야 할 자신과 남편이 함께 고민하여 주체적으로 결정해야 한다. 둘을 낳기로 했다면 나의 현재와 미래 상황을 고려한 최선의 결정인지 곰곰히 따져 보자. 그것은 〈선택〉이지 〈의무〉가 아니다.

난 하나만 낳기를 선택했다.

둘보다는 하나가 가볍다

1960년대의 가족계획 표어는 〈덮어 놓고 낳다 보면 거지꼴을 못 면한다〉였다.

현시대에 필요한 표어라고 생각한다. 요즘 젊은 세대들은 열악한 경제 상황 때문에 취업난에 허덕이고 있다. 부모 집에서 얹혀사는가 하면 연애나 결혼조차 포기한다. 엄마들 역시 양육비와 교육비 부담을 이유로 둘째 낳기를 꺼린다.

육아 정책 연구소에서 〈좋은 부모 되는 데에 걸림돌은 무엇인가?〉라는 질문을 했다. 사람들은 부모 세대 차이, 권위적인 태도, 자녀와 함께하는 시간 부족 외에 가장 큰 걸림돌로 〈경제력〉을 꼽았다. 경제적으로 어떻게 뒷받침해 주느냐에 따라 아이의 꿈과 삶이 달라지기 때문이다. 〈아이들은 모두 자기 몫을 타고 난다〉고 어른들은 말한다. 하지만 요즘 현실에서는 무의미한 말이다.

2010년 보건 복지부 발표에 의하면 아이 하나를 대학에 보내기까지 필요한 비용은 4억 원 정도였다. 태어나서 대학을 졸업할 때까지의 학비와 생활비를 합한 금액이다. 8년이 지난 지금, 그 금액이 늘면 늘었지 줄지는 않았을 것이다. 맞벌이의 경우 양육을 위해 부부 중 하나가 직장을 그만두거나 근무 시간을 줄이게 마련인데, 그로 인한 손실 비용까지 합한다면 맞벌이 부부의 양육비는 훨씬 크다.

하나여서 적은 부담

다자녀인 경우 양육비를 아이의 수만큼 나눠야 한다. 하지만 하나라면 그 비용을 집중해 질 높은 교육과 환경을 마련해 줄 수 있다. 나는 출산 휴가가 끝난 이후부터 아이를 돌봐 줄 사람이 없어 돌봄 맘을 구했고, 초등학교 들어가기 전까지 도움을 받았다. 주변에서는 돌봄 맘을 고용하는 것이 비싸니 어린이집을 알아보라고 했다. 하지만 15명이 한 반으로 이루어진 어린이집에 보내는 것보다 아이를 집중적으로 돌봐 주는 돌봄 맘을 선택하는 것이 훨씬 안심이 되었다. 질 좋은 양육을 하고 싶어서 다른 사람 손에 키우더라도 가능한 한 가장 좋은 조건을 선택했다. 둘이었다면 어려웠을 것이다. 또한 스포츠, 음악, 미술, 여행 등 아이가 하고 싶어 하는 것과 잘하는 것을 찾도록 도왔다. 초등학교 때까지는 함께 배우고 활동하며 아이와 친밀한 시간을 보냈다. 남편이 함께 할 여건이 안 될 때는 단둘이 연애하듯 밖으로 나가 가벼운 산책부터 주말 농장, 리조트, 펜션 여행, 해외여행 등을 떠났다. 아이가 둘이었다면 이 모든 것을 엄두조차 낼 수 없었을 것이다. 하지만 하나라서 경제적인 부담이 훨씬 덜했고, 선택의 폭도 넓었다.

아이가 진로를 선택하는 과정에서도 하나라서 수월했다. 예를 들어 아이가 꿈을 찾아 선택한 유학을 지원할 수 있었다. 만약 형제가 있었다면 쉽지 않았을 것이다. 부모가 얼마나 심리적, 경제적 지원을 해주느냐에 따라 아이 꿈의 크기는 달라진다. 이제는 개천에서 용 나는 시대가 아니다. 천재여도 그 재능을 발현할 기회를 얻지 못한다면 천재성이 유지되기 어렵다. 반대로 천재가 아니어도 집중된 관심과 경제적 지원으로 재능을 살려 준다면 아이의 꿈과 미래는 더 깊고 넓어진다.

체력적·정서적으로도 필요한 선택, 외동아이

많이 나아졌다고는 하지만 여전히 한국 남성들의 집안일 참여율은 이슬람 국가 수준이다. 맞벌이를 한다면 집안일도 나누어야 하는 것이 당연하다. 그러나 여전히 여성 혼자 살림과 집안 대소사는 물론 〈독박 육아〉까지 떠안는 게 현실이다.

2017년 고용노동부에 의하면 맞벌이 부부의 하루 평균 가사 참여 시간은 여성이 3시간 20분, 남성이 37분으로 여성이 남성보다 5배 높다. 아이를 둘 이상 키워 본 엄마들은 이야기한다. 아이 하나가 늘었다고 수학 공식처럼 일이 2배만 늘어나는 것은 아니라고.

나 역시 집안일과 육아가 전부 나의 몫이었다. 매일 반복되는 밥 먹이기, 씻기기, 재우기, 책 읽어 주기부터 병원 가기, 학원 알아보기, 참관 수업, 체육 대회 등 아이와 관련된 것은 모두 내 일이었다. 남편은 아이가 밤에 울어도 깨지 않았고, 목욕을 맡기면 아이가 너무나 어려서 씻기기 어렵다고 했다. 남편은 〈도와준다〉는 입장에 선 채 집안일에 책임감을 갖지 않았다. 물론 신혼 초에는 이러한 일로 다투기도 했지만 결과는 나아지지 않았다. 남편은 여전히 집안일을 〈여자 몫〉이라고 생각했고, 본인은 경쟁을 요구받는 사회인이므로 바깥일이 우선이라고 했다. 이런 상황에서 아이가 둘 이상이었다면 체력적으로는 물론이거니와 정신적으로도 감당할 수 없었을 것이다. 남편과 사회가 양육에 참여했다면 이야기는 달라졌겠지만, 현실은 달랐다.

엄마가 행복해야 아이도 행복하다

통계청 자료에 따르면 맞벌이 부부 중 〈가사 분담을 공평하게 해야 한다〉고 생각하는 사람은 절반이 넘는 53.5퍼센트인 반면 실제로 가사를 공평하게 분담하는 사람은 17퍼센트에 불과하다고 한다. 대부분 여자가 집안일까지 책임지는 실정이니 엄마가 아이를 돌볼 시간이 부족할 수밖에 없다. 특히 도와줄 사람이 없는 경우 직장 생활과 다자녀 육아를 혼자 책임진다는 것은 무리다. 두 형제를 키우는 지인은 일상적인 관리뿐만 아니라 사랑하는 마음을 균형 있게 나누기도 쉽지 않다고 말한다. 엄마는 하나인데 일대일로 아이들을 관리하자니 시간과 체력이 부족하고, 그렇다고 한자리에서 끝내자니 둘의 비교와 경쟁을 조율하느라 힘들다는 것이다.

시간과 에너지는 한정되어 있는데 모든 일을 혼자 책임지고 해내려하면 쉽게 지친다. 자신의 일상은 물론 아이도, 남편도, 직장도 모두 귀찮아져서 제대로 돌보기 어렵다. 이같은 악순환으로 행복한 삶은커녕 쉽게 우울증에 빠진다. 다자녀 엄마들 중에서 아이에게 소리 안 지르는 사람이 없을 것이다. 짜증 담긴 엄마의 큰 목소리는 육아의 고통을 말해 준다.

지인 A는 아들을 낳아야 한다는 시댁의 강요로 딸 둘에 이어 막내로 아들을 낳았다. 앞으로 다가올 대학과 결혼 비용을 생각하면 앞이 깜깜하다고 한다. 쉴 새 없이 가족들을 돌보느라 예쁜 옷 한 번 입어 보지 못한 채 집 안에서 꽃다운 청춘을 보낸 그녀. 자식들 만큼은 하나만 낳아 본인만의 멋진 삶을 살았으면 좋겠다고 말한다.

부모에게도 삶이 있다. 충분한 시간과 경제적 여유는 자신에게도 투자할 여력을 준다. 마음과 몸의 상태가 좋으면 웃는 얼굴로 아이를 안아 줄 수 있다. 자신에게 시간과 비용을 투자하고 자아 성취를 위해 노력하는 것은 엄마는 물론 한 인간으로서 그리고 여성으로서 품격을 유지하는 일이다. 그렇게 높아진 자존감은 행복의 뿌리가 된다.

누구의 희생도 없이 모두가 행복하도록 적합한 아이의 수를 선택해야 한다. 그래야 아이도 행복하다. 에이브리햄 링컨Abraham Lincoln은 〈나는 언제 어디서나 적용될 수 있는 정책을 수립해 본 적이 단 한 번도 없다. 항상 그 시점에서 가장 합리적인 정책을 실행하려고 노력했을 따름이다〉라고 했다. 멋진 여자로서의 내 삶은 한 아이 낳기를 선택함으로써 시작되었다.

행복한 엄마가 행복한 아이를 만든다

엄마와 아이가 비행기를 타고 가다가 위험한 상황이 발생했다고 가정해 보자.

산소 공급이 떨어지는 상황이 왔을 때 누가 먼저 응급 산소마스크를 써야 할까? 아이가 먼저일까? 엄마가 먼저일까? 정답은 엄마가 먼저 산소마스크를 쓴 다음 동반한 아이를 씌워 주는 것이다. 엄마의 안전이 확보되지 않은 상황에서 아이를 제대로 돌볼 수 없기 때문이다. 이처럼 엄마가 자신을 먼저 챙기지 않으면 아이, 남편, 주변 사람들에게 제대로 된 역할을 할 수 없다. 좋은 엄마가 되는 것도 중요하지만, 〈나 자신을 돌보는 일〉도 그만큼 중요하다. 자신을 사랑하며 행복하게 사는 모습을 아이는 보고 배운다. 자신을 돌보는 건 바로 아이를 돌보는 것이다.

삶의 1순위는 아이가 아닌 〈나〉

많은 엄마들이 아이를 삶의 1순위로 둔다. 이런 생각은 직장 생활을 하는 엄마들에게 주홍 글씨와 같다. 승진을 위해 열심히 일하면 아이를 돌보지 않는다고 엄마의 자격을 논하고, 엄마의 역할에 조금 충실하며 일찍 퇴근하면 〈이래서 여자는 뽑으면 안 된다〉고 핀잔한다. 엄마가 된 후부터 어떠한 선택을 해도 비난의 대상이 된다.

많은 엄마들이 〈아이를 돌보는 엄마의 삶〉과 〈자아 성취를 이루는 나의 삶〉 중 하나를 선택해야 하는 상황을 맞이한다. 주변에서는 고민할 필요도 없다는 듯 아이가 우선이라며 고스란히 엄마로 살아가길 종용한다. 학교에 적응하지 못 하는 아이를 두고 〈맞벌이 집안은 어쩔 수 없다〉는 담임 교사의 말에 바로 일을 포기하고 온전한 엄마의 삶을 택한 사람도 있다. 반면 일을 선택하면 이기적인 엄마로 오인받는다. 여전히 좋은 엄마로 인정받으려면 자신보다 아이를 먼저 생각하고 헌신과 희생을 각오해야 한다. 그러나 자아 성장 욕구를 무시한 채 엄마 역할에만 온 힘을 쏟는다면 결국 자신은 물론 가족을 사랑할 힘마저 잃게 된다. 아무리 사랑하는 가족을 위해 산다고 해도 어느 순간 삶의 우선순위에서 자신이 사라진 것을 발견하고 삶의 의욕을 상실한다.

심리학자 카를 융Carl Jung은 〈부모가 원하지 않는 삶을 살 때 아이들이 심리학적으로 가장 큰 영향을 받는다〉고 했다. 엄마가 자신의 존재 가치에 대해 느끼는 정서가 아이에게 고스란히 전달된다는 것이다. 에리히 프롬Erich Fromm의 『사랑의 기술Art of Loving』에서도 이와 비슷한 내용이 나온다. 〈대부분 어머니는 젖을 줄 수 있으나 꿀까지 줄 수 있는 어머니는 소수에 지나지 않는다. 꿀을 주기 위해서 어머니는 좋은 어머니일 뿐만 아니라 행복한 사람이어야 한다. (…) 삶에 대한 사랑과 마찬가지로 어머니의 불안도 아이에게 감염된다.〉 엄마가 임신했을 때 스트레스 수치가 높은 경우 아이의 스트레스 수치 또한 높아져 성격이 예민하다는 연구 결과가 있다. 매일 함께 생활하는 아이에게라면 그 영향력은 더 클 수밖에 없다. 어느 아이가 자신을 위해 희생하는 부모를 원할까? 부모에게 가장 바라는 점이 무엇인지 아이들에게 묻자, 부모가 인생을 좀 더 재미있게 살았으면 좋겠다는 대답이 1위였다. 아이들도 한 사람으로서, 한 여자로서 자신을 사랑하는 행복한 엄마를 원한다.

자기 계발과 육아를 같이 하려면

엄마도 아이만큼 귀한 존재이며, 자신의 어머니가 공들여 키운 존재라는 사실을 잊어서는 안 된다. 아이가 다른 존재를 위해 희생하며 살기를 바라지 않듯, 엄마도 아이를 〈위해서〉 살지 말아야 한다. 아이와 〈함께〉 살아야 한다. 독일의 철학자 마이스터 에크하르트Meister Eckhart는 말했다. 〈만일 그대가 자신을 사랑한다면, 그대는 자신을 사랑하듯 모든 사람을 사랑할 것이다. 그대가 자신보다도 다른 사람을 더 사랑하는 한 그대는 정녕 그대 자신을 사랑하지 못할 것이다. 그러나 그대 자신을 포함해서 모든 사람을 똑같이 사랑한다면, 그대는 위대하고 올바른 사람이다.〉 좋은 엄마가 되기 위해서는 자신의 삶을 우선시해야 한다. 자신을 사랑하고 존중하는 것은 이기적인 것과 다르다. 진정한 기쁨은 자기애로부터 시작된다.

〈자신이 먼저인 삶〉은 어떻게 이루어질까? 그것은 자기 성장의 기쁨을 주는 〈자기 계발〉에서 출발한다. 자기 성장에 힘쓰는 엄마는 열정과 내면의 힘을 갖고 있다. 한 엄마는 〈온종일 아이만 보면서 하루하루 버티는 삶을 살다 보니 지쳤어요. 나중에는 아이가 울어도 내 몸이 귀찮아서 아이를 외면했어요. 나를 잃어 갔던 거예요. 그래서 다시 나를 찾기로 했어요. 틈틈이 산책도 하고 책도 보면서부터 아이와 함께 있는 시간이 더 행복해졌어요〉라고 말한다. 오로지 자신만을 위한 생산적이고 미래 지향적인 일을 하면 주변 사람들을 챙길 힘이 자연스럽게 생긴다. 그런 활력을 지닌 엄마의 모습에서 아이는 〈나도 엄마처럼 멋지게 살아가겠다〉는 삶의 태도를 배운다. 아이 키우는 것은 〈이럴 때는 이렇게, 저럴 때는 저렇게 하는 것〉이라는 매뉴얼이 있는 단순 기술이 아니다. 아이를 키우는 것은 삶의 가치관을 드러내는 것이며 삶의 태도 그 자체다.

아이 치다꺼리 하느라 벅찬데 자기 계발까지 하라니 엄마에게 더 부담을 주는 게 아니냐고 말하는 사람들이 있다. 그런 의견에 『좋은 엄마의 두 얼굴Breaking The Good Mom Myth』의 저자 엘리슨 셰이퍼Alyson Schafer는 우리의 삶을 더 큰 맥락에서 봐야 한다며 다음과 같이 제안한다. 〈《엄마》라는 인생의 한 단면에만 매달리지 말고, 인생이라는 그림 전체를 크게 펼쳐 더 넓게 보자. 자신을 보살피고 다른 사람들과의 관계를 소중히 하고 자신이 가진 인간으로서의 가치를 인정하고 목표를 향해 나아갈 때 우리의 가정은 더욱 의미 있고 활기차진다.〉 오프라 윈프리Oprah Winfrey 도 〈자신을 위해서 나라는 우물을 다시 채우자. 그럴 시간이 없다고 생각하는 사람은《나 자신에게 줄 삶도, 나를 위한 삶도 없어요》라고 말하는 셈이다. 하지만 자신을 위한 삶이 없다면 우리가 이곳에 있을 이유가 무엇이겠는가?〉라고 말했다.

주변을 돌아보면 좋아하는 일을 하면서 자신을 긍정하는 삶을 사는 엄마들이 있다. 평소 관심을 가졌던 천연 염색과 생활 한복 만들기를 배웠던 한 엄마는 블로그에 자신이 만든 생활 한복을 올려 자랑하던 중, 판매를 하면 돈도 벌 수 있다는 주변의 조언을 듣고 작은 사업을 시작했다. 시간과 돈을 들인다고 핀잔하던 남편도 시간이 지날수록 밝고 행복해하는 아내를 보며 그녀를 인정하고 응원하고 있다.

따뜻하면서도 멋진 엄마로 서려면

아이가 커가면서 경제적 지출이 늘어나면 육아와 자아실현의 균형을 지키는 데에도 요령이 필요하다. 나는 한 아이를 키우지만 둘을 키우는 것처럼 무엇을 하든 기본적으로 2명 몫의 예산을 짰다. 우선은 아이가 배우고 싶어 하는 데 집중하고, 나머지 예산으로 내가 평소 관심 가졌던 분야를 배우면서 아이와 경쟁하듯 배움의 기쁨을 공유했다. 원하는 것을 나에게 선물하기도 하고, 홀로 여행을 하면서 아이와 남편을 사랑할 힘을 재충전했다. 헌신하는 엄마로서 아이에게 부담을 주는 대신, 배움과 일속에서 성장하며 삶의 가치를 느끼고 즐거움을 아는 엄마가 되고 싶었다. 그렇게 충족감을 느끼자 일하는 엄마로서 죄책감을 갖거나 남편이나 아이에게 억울한 마음이 생기기는커녕 나를 긍정하고 삶을 즐기게 되었다.

영국의 비평가 존 러스킨John Ruskin은 〈인생은 흘러가는 것이 아니라 채워지는 것이다. 그 시간을 내가 가진 무엇으로 채워 가야 한다〉고 말했다. 나는 그 시간을 성장의 기쁨으로 채우고 싶었다. 지금 내가 피곤하다면 우선 휴식과 잠으로 컨디션을 회복했고, 책을 보거나 여행을 하며 내면을 채워 갔다. 전적으로 나의 상황에 따라 필요한 것을 하면서 충만감을 느꼈다.

세상에서 가장 재미난 일은 내가 하는 일이다. 직장에서 실적이나 승진 등으로 사회적 인정을 받는 일이 아니더라도 어느 분야든 자신이 좋아하고 주체적으로 선택한 일에서 성취감을 느껴야 한다. 자신만의 개성을 살릴 수 있는 살림법을 개발해도 좋고, 취미 생활이나 사회봉사도 좋다. 그것은 단순한 〈일〉이 아닌 성장의 기쁨과 행복감을 가져다주는 것이어야 한다. 이는 개인적인 성장의 원동력이 되고 자존감과 직결되며 결국 자신의 삶을 긍정적으로 만드는 바탕이 된다. 삶에서 가장 영향력이 큰 긍정의 파워를 기르려면 당장 자신이 좋아하는 일을 시작하길 권한다.

나는 매년 1월이 되면 뭘 하며 한 해를 지낼까 계획을 세운다. 작년에 업무 관련하여 연구를 했다면, 올해는 휴식하는 해로 정해 독서, 음악 감상, 영화와 전시회 관람 등을 계획하며 그동안 즐기지 못했던 것들을 할 수 있도록 균형을 맞추었다. 나의 성향을 고려해 지치지 않고 지속할 수 있는 현실적인 목표를 세우고 그것을 온전히 이루겠다는 의지를 가지면서 아이에게 과도하게 집중하지 않게 되었다. 아이와 적당한 거리가 생기면서 오히려 관계는 더 자연스러워졌다. 이는 긴급 상황에서 부모가 산소마스크를 먼저 쓰는 일이다. 자기 계발을 통해 나를 먼저 사랑하고 나의 가치를 중요하게 여기는 과정은 아이에게 스스로 충족감을 느끼는 삶을 보여 주는 좋은 본보기가 된다.

엄마의 역할이 쉬워지려면

하나만 낳아서 키우겠다는 선택은 이렇게 나의 삶을 챙기는 데 많은 도움이 되었다. 하고 싶은 일에 투자할 시간과 경제적 여유를 주었고, 양육비 부담도 덜 수 있었다. 아이가 두셋이라면 개인의 행복을 생각하고 계획하는 것 자체가 어렵다. 나는 엄마로서의 행복도, 나 자신으로서의 행복도 모두 중요했기에 한 아이를 선택했고 일과 육아, 집안일까지 잘해내기 위해 효율적인 체계를 세워 나갔다. 아이의 성장 시기에 맞게 시간과 비용을 분배했고, 집안일은 최대한 손이 덜 가는 방법을 모색했다. 그렇게 직장맘으로서 삶의 태도를 하나둘 갖추어 가자 좋은 엄마로, 좋은 사회인으로 성장할 수 있었다. 아이를 잘 길러 낸다는 것은 〈잘 가르치는 것〉이 아닌, 〈잘 보여 주는 것〉이다. 행복하게 웃고, 나 스스로를 소중히 여기는 모습을 보여 주려면 우선 자기 역량에 맞는 아이의 수를 선택해야 한다. 나는 한 아이를 선택했고, 그래서 나는 〈잘 보여 주는〉 엄마의 역할을 해나갈 수 있었다.

형제 있는 아이들이 더 외로움을 느낀다

최근엔 혼자 영화를 보러 가는 사람이 많아졌다. 혼밥, 혼술, 혼영, 혼여 등의 말이 유행하면서 젊은 세대들 사이에선 혼자 하는 것을 자연스럽게 받아들이는 분위기다.

그럼에도 혼자 여행을 가거나, 혼자 식당에서 고기를 구워 먹는 등 무엇을 혼자 한다는 것은 누군가와 같이 하는 것보다 훨씬 더 큰 용기를 필요로 한다. 특히 관계를 중요시하는 한국 사회에서는 외톨이이거나 인간관계에 문제가 있는 사람으로 오인받기 쉽다. 아직 〈혼자〉는 부정적인 이미지다. 이는 외동아이를 보는 시선에도 그대로 적용된다.

형제 있는 아이가 혼자 있으면 동생은 어디 갔지? 하며 가볍게 지나친다. 하지만 외동아이가 잠시 혼자 있기라도 하면 〈형제가 없어서 외롭겠다〉라고 생각한다. 외동아이의 엄마조차 사회성 부족으로 인한 왕따를 걱정한다. 이처럼 의식적으로든 무의식적으로든 외동으로 자란다는 것은 부정적인 낙인을 감수해야 하는 일이다.

외로움은 형제의 유무로 결정되지 않는다

우리는 언제 외로움을 느낄까? 외로움을 사전에서 찾아보면 다음과 같은 문장으로 시작된다. 〈혼자가 되어 쓸쓸한 마음이나 느낌.〉 이 문장만 보면 외동아이는 당연히 외로워야 한다. 그러나 그다음 문장을 보면 그렇지가 않다. 〈사회적 동물인 인간이 타인과 소통하지 못하고 격리되었을 때 외로움을 느낀다.〉 혼자라는 말에 포함된 1이라는 숫자는 물리적 개념이 아닌 심리적 개념이다. 즉 사람들로부터 소외되어 관심과 인정을 받지 못했을 때 느끼는 감정이다. 돈, 집, 차, 건강한 아이, 회사 잘 다니는 남편 등 남들이 부러워할 만한 것을 다 갖추었는데도 허전하고 외롭다는 생각이 드는 이유는 사랑하는 사람들과 진심으로 마음을 터놓지 못하기 때문이다. 군중 속에서 고독을 느끼는 이유다. 아이들도 마찬가지다. 사랑하는 부모로부터 소외되고 사랑받지 못한다는 느낌이 들면 외로움을 느낀다.

교육학자 마르코Marco는 아동과 청소년을 대상으로 슬프고 불행할 때 위안을 주는 사람이 누구인지 물었다. 가장 위안을 주는 사람은 순서대로 엄마, 아빠, 친구였다. 이는 위안을 받고 싶은 사람의 순서이기도 하다. 아이들은 영원한 사랑의 대상자인 엄마와의 관계를 가장 원했다. 어려운 환경을 이겨 낸 사람들의 공통점은 엄마로부터 사랑을 받았다는 것이다. 아이의 외로움은 엄마가 주는 사랑의 정도에 따라 결정된다. 점차 형제나 친구들과 관계를 맺어 가지만 무조건적인 사랑은 엄마 이외에는 느낄 수 가 없다. 쓸쓸하다는 느낌은 엄마와의 관계에서 정서적 충족감이 없기 때문이다. 반대로 부모로부터 집중된 사랑을 받으면 어떠한 상황에서도 사랑과 관심이 사라지지 않을 것이라는 믿음으로 외로움을 느끼지 않는다.

형제 때문에 소외되고 위축된다

이전 세대는 부모가 일일이 관심을 줄 수 없다는 것을 이해할 만큼 형제가 많았기에 각자의 개성대로 커갔다. 요즘엔 한두 명, 많아야 세 명인지라 엄마의 애정을 두고 경쟁이 불가피하다. 분신이자 애인인 엄마의 시선이 자신보다 더 잘나고 예쁜 형이나 동생에게 기울어진다면 아이는 소외되고 위축된다. 이럴 때 엄마가 따뜻한 미소 한 번 주지 않거나 형제들과 비교라도 하면 엄마에게 사랑과 관심을 받지 못한다고 느낀다. 그것이 반복될수록 가슴 한구석이 허전하고 슬퍼진다. 인간은 태어나면서부터 부모의 애정을 차지하려는 강한 욕구가 있기 때문이다.

일본 정신과 의사 오카다 다카시(岡田尊司)는 『나는 왜 형제가 불편할까? きょうだいコンプレックス』에서 형제자매를 〈타인의 시작이자 영원한 경쟁자〉라고 말한다. 자신만을 바라보고 사랑해 주던 엄마 아빠가 어느 날 동생을 데려와서는 형이나 언니로서 양보하고 잘 지내라고 한다면, 아직 보호받고 사랑받아야 할 아이로서는 자신에게 집중되던 시선이 동생에게로 가는 것이 견디기 힘들 것이다. 혹자는 남편이 애인을 데리고 와서 잘 지내라고 하는 정도의 정신적 충격이라고 한다. 이때 부모의 잘못된 양육 태도로

애정이 한쪽에 쏠리면 질투와 열등감, 피해 의식이 마음속에 자리 잡는다.

형제자매 간의 경쟁은 주변에서 쉽게 눈에 띈다. 엄마의 사랑을 독차지하는 동생에게 질투가 나서 괴롭히는 형이 있는가 하면, 아픈 오빠만 챙기는 엄마에게 사춘기가 되어서야 반항하는 여동생이 있다. 형제자매 사이의 갈등은 엄마의 사랑을 차지하기 위한 경쟁에서 시작된다. 소설가 오스카 와일드Oscar Wilde는 형에게 엄마의 사랑을 빼앗기는 것이 두려워 관심을 끌고자 온갖 기행과 스캔들을 일으켰다. 그와 반대로 부모에게 잘 보이기 위해서 무리하게 〈착한 아이〉가 되는 경우도 있다. 이렇듯 엄마의 사랑을 두고 벌이는 형제들 간의 경쟁은 어디서나 해결하기 어려운 숙제다.

사랑받지 못한다는 느낌을 주어서는 안 된다

깨물어 안 아픈 손가락 없다지만, 실은 엄지와 새끼손가락 통증은 다르다. 부모도 사람인지라 각 형제에게 가는 사랑이 똑같을 수는 없다. 어느 지인은 딸이 둘인데 큰딸은 생김새, 말투, 식습관까지 남편과 꼭 닮았고, 둘째 딸은 본인과 판박이라고 했다. 그래서 남편과 싸움이라도 하는 날에는 남편과 닮은 큰딸이 그렇게 미워진다고 한다. 그러지 말아야지 하면서도 아이에게 화풀이를 하더라는 것이다. 그 마음을 아는지 아이는 엄마 앞에서는 항상 주눅 들어 있다가 엄마가 없을 때에는 자주 동생을 울렸다. 그러면 남편이 자신을 구박하는 것처럼 느껴져 더 혼을 냈다. 그녀는 〈나는 큰 아이가 그렇게 예쁘지는 않아〉 하면서 솔직한 속내를 보였다. 그렇게 부모에게 사랑받지 못한 아이는 쉽게 좌절감을 느낀다. 사랑받지 못하는 느낌은 열등감을 불러오고, 결국 세상에 자신을 드러내기를 두려워한다. 다른 사람에게 애정을 표현하는 것도, 형제자매 간에 끈끈한 우애를 느끼는 것도, 친구들과 긍정적인 관계를 맺는 것도 마찬가지다. 이런 경우 사랑을 얻기 위해서 자신을 희생하거나 반대로 군림하는 등 불공정한 관계를 맺기 쉽다. 마더 테레사Mother Teresa는 〈가장 끔찍한 빈곤은 외로움과 사랑받지 못한다는 느낌이다〉라고 했다. 형제가 있으면 한정된 부모의 사랑과 관심을 놓고 경쟁할 수밖에 없다.

그에 반해 외동아이는 엄마의 사랑을 충분히 받을 수 있다. 다른 형제와 비교당할 염려가 없고, 엄마에게 자신의 속 이야기를 충분히 할 수 있고, 학교에서 자신을 괴롭히는 누군가에 대해 불평할 수도 있다. 진정으로 자신의 이야기를 들어 주는 엄마에게서 아이는 따뜻한 정서적 충만감을 얻는다. 그런 아이는 자존감이 강화되고 외로움을 느끼지 않는다.

외동아이든 형제 있는 아이든 부모의 사랑이 절대적으로 필요하다. 형제가 있다고 사랑이 좀 부족해도 되는 것은 아니다. 모든 아이에게는 절대적으로 필요한 사랑의 양이 있으므로, 아이가 많을수록 부모의 역할은 더 커져야 한다.

영원한 편이 되어 주자

혼자 노는 아이가 정말 외로움을 느끼는지 알아보기 위해 유치원에서 관찰 실험을 했다. 혼자 노는 아이는 세 타입으로 나뉘었다. 첫 번째는 다

같이 놀던 친구들이 새로운 것에 흥미를 느껴 다른 곳으로 가도 그러든 말든 자신의 놀이에 깊이 몰입하는 타입이었다. 두 번째는 친구들이 다른 곳으로 이동했다는 것을 인식했지만 자기가 하던 것을 끝까지 책임지고 해내려는 타입이었다. 세 번째는 친구들이 떠나자 혼자 남아 쓸쓸해하거나 다른 그룹의 아이들에게 다가가기 힘들어 하는 타입이었다.

혼자 있다고 무조건 친구들과 어울리지 못하는 것은 아니다. 오히려 혼자 있는 동안 자신의 일에 집중한다. 자존감이 있는 아이들은 친구들의 의지와 상관없이 주변을 덜 의식하고 원하는 것에 집중한다. 이런 타입의 아이들은 오히려 혼자 놀면서 자존감을 더욱 높인다.

아이의 성향을 알고 싶다면 혼자 노는 시간이 많은지 친구와 노는 시간이 많은지 살펴보자. 혼자 노는 시간이 많은 경우 혼자 노는 것에 어려움을 느끼지는 않는지 세심한 관찰이 필요하다.

형제의 존재 여부가 외로움을 결정하는 것은 아니다. 자신을 절대적으로 사랑하고 어떠한 순간에도 자기를 소홀이 여기지 않는 자기 편이 있다고 믿는 아이는 오히려 자신의 흥밋거리에 집중한다. 혼자 노는 시간이 혼자라는 생각까지도 잊게 만드는 행복한 몰입의 시간일 수도 있다. 우선 부모부터 〈혼자는 외로운 것〉이라는 부정적인 편견에서 벗어나야 한다.

〈외롭다〉와 〈심심하다〉의 차이

〈외롭다〉는 것과 〈심심하다〉는 것의 차이를 잘 인지하지 못하는 경우가 있다. 외롭다는 것은 홀로되거나 의지할 데가 없어 쓸쓸한 내적인 감

정이고, 심심하다는 것은 할 일이나 재미 붙일 데가 없어 시간을 보내기가 지루하고 따분하다는 감정이다. 아이가 재미있게 시간을 보내도록 가방에 넣어 가지고 다닐 만한 그림 도구나 책, 공, 공기, 실 뜨개 등을 미리 준비해 두면 아이가 심심해할 때마다 유용하다. 여행을 가는 차 안이나 줄을 서서 기다리는 곳 등 어디서든 놀잇감이 있다면 아이는 혼자서도 즐겁게 논다.

성장 발달에 따라 달라지는 엄마의 역할

경쟁적인 사회 분위기로 인해 자녀를 좋은 대학에 보내는 것이 엄마의 역할 중 가장 우선시된다.

즉 좋은 엄마는 자녀 교육을 최우선으로 생각하는 엄마라는 것이다. 성적이 우수한 아이보다 행복한 아이로 키우겠다고 다짐해도 막상 아이의 성적이 좋지 않으면 상급 학교의 진학을 앞두고 걱정이 앞선다. 성적 관리를 위해 학원을 알아보고 〈성공해야 행복하다〉는 가치관에 함께 동조해 간다. 일단 엄마부터 더 많은 정보와 지식을 갖춰야 한다는 생각에 마음이 조급해진다. 기다렸다는듯 교육 업체들이 등장해 먼저 출발해야 성공한다며 조기 교육과 사교육 시장으로 엄마들을 끌어들인다. 여기에 자극받은 엄마들은 투자를 해야 아이가 성공한다는 생각을 갖게 된다.

한 후배는 아이를 행복하게 키우겠다고 다짐했다. 그러나 아이를 낳는 순간 자기도 모르게 욕심이 생겼다. 친구들의 SNS에서 〈아이 뒤집기 성

공〉 인증 사진이나 〈벌써 엄마 아빠를 말해요〉 등의 자랑 글을 보면서 다른 아이와 비교하기 시작했다. 흔히들 내 아이가 남들보다 빨리 걷고 빠르게 뛰고, 공부, 운동, 노래 등 뭐든 잘하는 아이로 자라길 원한다. 특히 외동 아이의 엄마는 많은 것을 해줄수록 아이가 더 똑똑하게 자랄 거라는 생각에 모든 분야에 에너지를 쏟곤 한다. 아이의 인생 계획을 직접 짜놓고 그 안에서 아이가 힘들어하면 실패가 두려워 대신해 주기까지 한다. 그렇게 엄마의 욕심대로 끌고 가다 보면 아이도 힘들고 엄마도 힘들어진다.

아이의 점수와 나의 자존심을 연결하지 말자

엄마의 지나친 욕심은 아이와의 관계를 힘들게 할 뿐이다. 외동 엄마는 아이를 돌보는 것이 처음이자 마지막 경험이기 때문에 아이를 객관적으로 바라보기 어렵다. 교사인 나는 아이가 초등학교에 입학하면서 아이와 같은 학교에 다녔다. 아이가 받아쓰기 점수를 70~90점쯤 받아 오기에 기특하게도 혼자서 잘해 낸다고 생각했다. 그런데 알고 보니 같은 학교 엄마들의 열의가 대단해서 반 아이들 대부분이 100점을 맞았던 것이다. 〈저 엄마는 아이를 챙기지도 않네〉라는 말이 뒤에서 들리는 것 같았다. 그때부터 점수에 신경이 쓰이기 시작해 주말농장에서 놀던 아이를 책상에 앉히고 받아쓰기, 학습지, 영어 학원 숙제 등을 시켰다. 처음엔 엄마와 함께 공부하는 것을 좋아했다. 하지만 점차 무엇이든 같이하는 것을 꺼렸다. 만날 웃고 장난치며 함께 시간을 보내던 아이는 어느 순간 내 눈치를 보며 피하려 했다. 결국엔 〈머리가 아프다〉, 〈배가 아프다〉면서 자기 방에서 나오지 않았다.

주위에서 무슨 말을 하든 아이가 스스로 공부의 필요성을 느낄 때까지 기다리겠노라 결심했던 내가 공부를 잘해야 한다고 닦달한 이유가 뭘까 곰곰히 생각해 보았다. 〈누구의 딸은 이렇다더라〉라는 평가가 듣기 싫었던 것이다. 공부 습관을 잡아 준다면서 내 체면과 자존심을 가장 먼저 떠올렸고, 내 체면 때문에 아이의 행복을 우선하겠다던 교육 가치를 어느새 까맣게 잊었던 것이다. 〈우리가 믿어야 할 신은 우리 마음속에 있다. 자기 자신을 긍정하지 못하는 사람은 신도 긍정할 수 없다〉고 헤르만 헤세Hermann Hesse는 말했다. 다른 사람의 평가가 걱정되어 아이의 행복을 뒤로한 채 이리저리 흔들리고 있었다.

이런 실수는 나뿐만이 아니다. 학교 보건실에 있다 보면 엄마 때문에 마음 아파하는 아이들을 자주 본다. 5학년인 한 외동아이가 머리와 배의 통증을 호소하며 우울한 얼굴로 찾아왔다. 열도 없는데 잦은 두통을 호소하는 아이를 보며 스트레스성을 짐작했다. 〈문장 완성 검사〉 결과 아빠와의 관계는 좋았으나 엄마에게는 애정과 함께 분노를 느꼈다. 질문지를 바탕으로 자세히 물어보니 어릴 적부터 시험에서 한 개를 틀릴 때마다 매를 맞았고, 아침부터 저녁까지 엄마가 정해 준 일정에 맞춰 쉴 틈 없이 공부한다고 했다. 수시로 〈엄마는 너뿐이다. 그러니까 잘해야 해〉라는 말을 들어야 했다. 4학년 때까지는 엄마가 하라는 대로 하면 기대에 부응하는 점수를 받았지만 5학년이 되면서 수업이 어려워지자 시험에서 틀리는 갯수가 많아졌고 두려움을 느꼈다. 아무리 노력해도 안 되는 상황이 너무 무서웠다. 엄마의 기대에 미치지 못하는 자신은 엄마를 힘들게만 할 뿐 아무 쓸모가 없다며 살고 싶지 않다고까지 했다. 혹시나 해서 손목을 살펴보니 칼로 그은 흔적이 남아 있었다. 엄마의 욕심과 통제로 아이는 자살까지 생각했던 것이다.

아이의 페이스메이커가 되어라

교육학자 도널드 위니코트Donald Winnicott는 〈최초로 촉진하는 환경을 만들어 주는 것은 엄마〉라며 엄마의 중요성을 강조했다. 엄마와의 만남은 자아를 형성하고 타인과의 관계를 만들어 가는 데 뿌리가 된다.

인생에서 가장 큰 영향을 준 사람이 누구냐는 질문을 받을 때마다 유명인들 몇몇이 문득 떠올랐다 사라지지만 유독 한 사람의 얼굴만은 머릿속에서 떠나지 않는다. 친정어머니다. 특별한 것을 가르쳐 주지 않았지만 언제나 든든한 힘이 되어 주었다. 어떠한 상황에서도 남의 눈을 의식하기보다 절대적으로 내 편이 되어 주었고 내가 어려움을 겪을 때면 나보다 더 아파하셨다. 엄마가 가진 가치관은 아이에게 고스란히 옮겨져 학습 능력이나 사회적 발달에도 영향을 미친다.

그러나 엄마도 아이를 키우는 것이 처음이어서 자신의 실수를 알아채지 못한다. 엄마들 사이에서 〈내 아이를 남의 아이처럼 볼 수만 있다면 성공한다〉는 웃지 못할 이야기도 있다. 교육학자 댄 리스Dan Riss는 〈남에게 조언할 때는 가장 중요한 요인에 집중하지만 정작 자기 일을 고민할 때는 수많은 변수 사이에서 갈팡질팡한다. 남의 상황을 생각할 때는 숲을 보면서도 정작 자신에 대해 생각할 때는 나무들 사이에 갇혀 버리는 셈이다〉

라고 말했다. 세세한 것을 신경쓰느라 정작 중요한 것을 놓치는 것이다.

정말 아이에게 필요한 엄마의 역할은 무엇일까? 교육학자 애덤 갈린스키Adam Galinsky는 태아부터 18세까지의 아이를 둔 엄마들을 연구했다. 엄마의 역할은 고정된 것이 아니라 아이의 성장 발달에 따라 변해 갔다. 영유아기는 배고픔을 해결하고 안아 주고 기저귀를 갈아 주며 아이의 본능적 욕구를 충족시켜 주어야 한다. 유치원 때는 안 되는 것과 되는 것을 알려 주는 권위 있는 훈육자가 되어야 한다. 초등학교 때는 교육자이자 격려자가 되어서 자신감을 가지고 무언가를 할 수 있는 환경을 만들어 주어야 한다. 중학교부터 고등학교를 졸업할 때까지는 진로에 대한 조언자, 정서적 발달을 돕는 상담자가 되어야 한다.

예컨대 엄마는 일대일 전담 페이스메이커가 되어야 한다. 페이스메이커는 마라톤이나 자전거 경주 등에서 일정한 거리까지 선수와 함께 달리는 사람이다. 경험 있는 사람으로서 먼 길을 뛰어야 하는 주자의 바로 옆에서 힘의 조절을 돕고 혹시나 실패했을 때 신체와 정신을 가다듬고 다시 일어설 수 있도록 응원하는 역할이다. 부모는 페이스메이커로서 매 시기 아이가 갈 길의 정보를 미리 수집하고 그에 필요한 역할을 배우며 실천해 나가야 한다. 마라톤은 42.195킬로미터이지만 페이스메이커의 역할은 언제나 30킬로미터까지다. 어느 정도까지 함께할 수 있지만 시험장에 가서 시험을 대신 볼 수는 없다는 뜻이다.

시기마다 달라져야 하는 역할은 엄마에게 어려운 숙제다. 익숙해질 만하면 새로운 역할이 더해져 아이와 갈등을 겪는다. 이때 뭐가 문제인지 들여다봐야 한다. 대부분의 문제는 부모에게 있다. 당연히 해결도 부모가 해야 한다. 많은 부모들이 〈나의 아이니까〉 가르치면 잘할 거로 생각한다. 그러나 아이에 대한 환상을 가질 때 많은 일을 그르친다. 내 욕심이 과한 것은 아닌지, 아이의 마음을 제대로 읽지 못해서 상처를 준 것은 아닌지 매 순간 스스로를 점검할 필요가 있다.

알아서 크는 시대는 지났다

> 엄마들은 수학 태교, 영어 태교 등 남보다 더 빨리 시작하면 그만큼 일찍 목표점에 도달할 거라고 믿는다.

조기 투자로 아이가 성공할 수 있다고 믿는 것이다. 나도 태교나 조기 교육은 좋다고 생각한다. 그러나 내가 이야기하는 것은 국·영·수의 지적 능력에 투자하는 것이 아니다. 아이의 발달 단계에 맞춘 올바르고 적절한 교육 투자를 말한다. 단계별로 부모가 만들어 주는 다양한 자극은 민감한 아이들의 뇌 기능을 효과적으로 증대시키기 때문이다.

과학 전문지 『네이처Nature』는 태내 환경의 중요성을 강조하는 피츠버그 대학교의 연구 내용을 소개했다. 연구에 의하면 〈사람의 지능 지수(IQ)를 결정하는 것은 유전자의 역할이 48퍼센트이고, 나머지 52퍼센트는 태내 환경이다. 충분한 영양 공급과 평안한 마음, 유해 물질 차단 등의 전통적인 태교 요인들이 아이의 지능 지수에 큰 영향을 미친다〉고 한

다. 이처럼 태내에서부터 어떠한 자극과 경험을 주느냐에 따라 아이의 지능 지수가 달라진다.

동물은 뇌가 완성되어 태어나는 반면 인간은 어른 뇌의 25퍼센트일 때 세상에 나온다. 이것이 인간과 동물의 결정적 차이다. 태어난 뒤 아무런 자극이 필요 없는 동물의 뇌와 달리 사람의 뇌는 주변 환경에 의해 발달 정도가 결정된다. 독일의 어느 황제가 보육원에 있는 아이들을 두 그룹으로 나누어 실험을 했다. 기본적 생존 요건을 충족시키되 한 그룹에는 아무런 자극을 주지 않고 다른 그룹에는 오감을 자극해 주변 환경과 뇌의 발달 관계를 알아보는 잔인한 실험이었다. 결국 똑같은 환경에서 같은 음식을 주었는데도 자극을 주지 않는 아이들은 모두 죽었다. 뇌세포는 주변 환경의 자극에 따라 활발하게 자극받아 좀 더 차원 높은 사고를 하도록 성장한다. 뇌는 생후 36개월까지 필요한 시냅스의 150~200퍼센트까지 만들지만, 외부에서 자극을 주면 자극을 받은 뇌세포는 더 강화되고, 자극을 받지 않은 뇌세포는 단계적으로 소멸한다. 즉 뇌는 어떤 자극을 주느냐에 따라 얼마든지 발달하거나 퇴보할 수 있다.

아이의 성장을 방해하는 요소 4가지

이러한 생각을 바탕으로 외동 엄마들은 책이나 장난감 등 아이가 원하는 것을 비교적 풍족하게 사준다. 또 여행이나 스포츠센터, 체험관, 미술관, 동물원 등을 자주 다니며 쉴 새 없이 아이의 뇌를 자극해 최대한 똑똑하게 키우려고 노력한다. 그러면서 〈남들이 좋다는 것은 뭐든지 다 해주는데 왜 내 아이는 이렇게 할 줄 아는 게 없을까?〉라며 의문을 품는다. 그 질문 속에 이미 아이의 성장을 방해하는 요소들이 있다.

첫 번째는 엄마의 욕심과 기대로 아이의 발달 단계를 파악하지 않고 수준에 맞지 않는 선행 학습을 시키는 것이다. 예습을 말하는 것이 아니다. 무리한 선행 학습이란 받아들일 준비가 되지 않은 아이에게 수준에 맞지 않는 공부를 시키는 것이다. 유치원 아이에게 수학과 글쓰기를 강요하고, 초등학생에게 『수학의 정석』을 들이대고, 중학생에게 『종합 영어』를 사주는 것은 겨우 걷기 시작한 아이에게 뛰기 연습을 시키는 것이다.

발달 단계에 맞지 않는 학습은 어려운 내용 때문에 쉽게 포기하게 만들어 좌절과 실패만 가져다준다. 교육 선진국 핀란드는 유치원 아이들에게 글자나 숫자 공부를 시키지 않는다. 어릴 때는 충분히 놀도록 하고, 숫자 공부는 훨씬 늦게 가르친다. 나도 눈높이 교육의 중요성을 깨닫고 또래 아이들이 〈한글 나라〉, 〈영어 나라〉를 배울 때, 아이를 데리고 매일 밖으로 나갔다.

두 번째는 아이의 감정적, 신체적 발달 단계를 무시하고 공부와 관련된 인지적 교육 활동에만 치중하는 것이다. 공부를 잘해야 한다는 강박관념 때문에 주변에 흩어진 단어 카드만 봐도 〈이게 뭐지?〉 하면서 단어를 암기시킨다. 많은 부모들이 국어나 영어, 수학 등 입시에 필요한 과목에만 집중한다. 그러나 어려서는 예체능을 해야 한다. 뇌는 지적 자극보다 경험적 자극으로 더 왕성하게 발달하기 때문이다. 특히 5세까지 뇌 성장의 90퍼센트가 이루어다가 12세 전까지 급속도로 발달하는데, 주로 경험적 자극에 의해 이루어진다. 따라서 몸으로 기억할 자극을 주는 것이 효과적이다. 각각의 자극과 경험을 간직하는 뇌세포는 초등학교 고학년 때부터 서로 연결되면서 융합적인 뇌로 성장한다. 성공하는 아이로 키우고 싶다면 지적 영역만 키울 것이 아니라 다양한 체험적 자극을 주어야 한다. 팔뚝 살만 빼고 싶어도 전체적으로 운동하고 관리해야 하는 것과 마찬가지다.

세 번째는 심심하다고 할 때마다 미디어에 노출시키는 것이다. TV, 스마트폰 등 전자 기기는 시간을 잡아먹는 도둑이다. 자극적이고 빠르게 바뀌는 화면은 집중력을 저하시키는 한편 사고를 맡는 뇌 영역의 활성화를 늦춘다. 스마트폰에 빠진 아이의 뇌는 마약에 빠진 것처럼 사고, 판단, 기억 기능을 담당하는 전두엽 기능이 축소되어 있다. 게다가 스마트폰에서 보여 주는 것들은 자극적이고 중독성이 강해 한번 보기 시작하면 끊기가 힘들다. 교육 만화도 뇌 발달에는 도움이 안 된다. 이렇게 미디어에 몰입해 있는 동안 오감을 자극하는 다른 좋은 경험을 놓치게 되니 결과적으로 운동 부족과 자기표현 능력이 저하될 수밖에 없다.

네 번째는 아이 주도가 아닌 엄마 주도의 교육을 하는 것이다. 비싼 입장료를 내고 수준 높은 미술 전시회를 보러 가면 아이들은 미술관에 온 어른들의 다리만 본다. 엄마는 다양한 자극과 경험을 주려고 했다지만 이는 엄마의 흥미에 아이를 끼워 넣은 것이다. 아이가 미치도록 좋아하는 것에 맞춰 아이에게 맞는 경험과 자극을 주어야 한다.

오감을 자극하는 환경을 만들어라

발달 단계에 맞춰 다양한 자극과 풍요로운 경험을 안겨 주기 위해 나는 제일 먼저 아이가 자연과 벗할 수 있는 환경을 만들어 주었다. 아이가 어릴 때는 주말농장과 공원이 가까운 곳에 집을 얻었다. 흙과 풀을 쉽게 접하고 언제든지 자유롭게 뛰어놀 수 있는 곳에서 살았다. 아이는 심심하면 집 앞 공원에서 인라인과 자전거를 탔다. 때로는 나도 보드, 공, 줄넘기 등을 가지고 아이와 함께 몸을 움직이면서 스트레스를 없앴다. 또 주말농장에 들러 고추, 호박 등을 만져 보고 직접 따면서 자연을 오감으로 느끼게 했다. 그 길을 따라 산기슭의 약수터에서 졸졸 흐르는 물을 마시고 약수터에서 운동도 했다. 아이와 손잡고 수다를 떨며 하천을 산책하고 그 주변의 나무가 어떻게 변했는지, 하늘은 어떠한지 등 사소한 이야기를 하면서 자연에 관심을 두었다.

또한 여행을 통해 아이에게 자극을 주었다. 걷기, 놀기, 말하기, 먹기가 한꺼번에 충족되는 것이 바로 여행이다. 주로 남편과 함께 여행을 했고 사정이 어려울 때는 아이와 둘이 떠나거나 아이 또래의 가족과 함께 했다. 여행할 때 가장 신경 썼던 것은 내가 주체가 되지 않는 것이었다. 또한 꼭 뭔가를 더 보고 배워야 한다는 것보다 그저 여행의 모든 과정을 즐기려 했다. 호텔이나 리조트보다는 다양한 체험 거리가 있는 곳을 찾았다. 고구마, 감자를 캐서 구워 먹거나 낚시터가 있는 펜션, 소라나 불가사리가 있고 조개도 주울 바닷가 앞의 펜션, 밤하늘의 별을 볼 망원경이 있는 펜션, 몽골의 가옥 형태인 게르가 있는 펜션 등 나에게도 새로운 경험이 되는 곳을 찾아 다녔다.

가끔은 더 많은 사람들과 만날 수 있도록 다른 사람들 틈에 끼워서라도 여행을 보냈다. 주말에는 친구 가족들과 함께 캠핑을 따라 보내거나 친척 집에 보냈다. 학교 연수 등으로 방학에 함께하지 못할 때는 지인이 있는 뉴질랜드나 필리핀으로 영어 캠프를 보냈다. 잔소리가 아닌 경험 속에서 아이는 더 크게 자란다는 믿음이 있었기 때문이다.

작가 정현수는 〈여행은 서서 하는 독서이고, 독서는 앉아서 하는 여행이다〉라고 했다. 나는 책에 있는 내용과 이전 경험들을 연결시키며 호기심을 느끼게 했다. 호기심은 가르친다고 생기는 것이 아니다. 농장에서 고추 따는 체험을 하고 나면 고추의 생김새나 색깔에 대해 이야기 했고 실제로 고추를 딸 때 어떤 느낌을 가졌는지도 물었다. 고추와 관련된 내 경험도 들려주고, 그와 관련된 동화책을 읽으면서 아이가 무언가를 알아가는 재미를 느끼게 했다.

아이의 성장 시기에 맞춰 변신하라

아이 발달 단계에 맞춰 육아 방식도 바꾸었다. 태어날 때는 충분히 안아 주고, 2~3살 때는 자유롭게 행동하도록 지켜보았으며, 유치원 때는 놀이를 통한 자극을 주고, 초등학생 때는 기초 생활 습관을 지도했고, 이후에는 꿈 찾기를 도왔다. 즉 아이의 성장 시기에 맞춰 내 행동을 변화시키며 다양한 자극과 체험을 경험하게 한 것이다.

외동아이에게는 부모가 보여 주는 환경이 세상의 전부다. 혼자 알아서 크는 시대는 지났다. 교육학자들은 외동아이가 엄마로부터 애정은 물론 상대적으로 문화적 혜택도 많이 받아 정서가 풍부하고 개성이 강하며 창조적이라고 말한다. 부모를 통한 다양한 자극은 건물을 짓기 전 땅을 다지는 것처럼 성장에 꼭 필요한 과정이다. 이는 아이가 살면서 무언가를 성취하고자 하는 열정의 연료가 된다.

둘보다 하나 키우기가 더 어렵다

요즘은 〈프렌디 대디〉가 대세다. 딸 바보, 아들 바보를 자처하며 아이와 다정하게 놀아 주는 아빠의 모습은 방송을 통해서도 쉽게 볼 수 있다.

비교적 권위적인 부모 밑에서 자랐던 지금의 부모들은 그런 어린 시절을 이제라도 보상받으려는 듯 아이를 살뜰히 챙기며 많은 시간을 함께한다. 그러나 하나밖에 없는 아이에 대한 과한 사랑으로 아이의 올바르지 않은 행동에도 너그럽게 넘어가는 부모도 있다. 식당에서 뛰노는 아이를 보면 눈살을 찌푸리고 버릇없다고 하면서 내 아이라면 그럴 수도 있다며 관대해진다. 아이의 말이라면 뭐든지 다 들어주는 부모와 모든 생활의 중심이 된 독불장군 아이들이 종종 보인다.

친구, 형제자매의 역할까지 하라

가족 생활의 중심이 아이가 되면 아이는 이기적인 행동을 일삼는다. 원하는 것은 무엇이든 얻는 것에 익숙해 또래 사이에서도 본인이 우선이다. 함께 가지고 놀아야 할 게임 도구를 혼자 가지려고 하고, 뭐든 제일 먼저 하려 한다. 교사의 사랑도 독차지하려 하고 자신의 생각은 다 맞는다고 주장하며, 원하는 건 꼭 손에 넣으려 한다. 1등에 뽑히지 않자 분에 못 이겨 〈왜 1등을 주지 않느냐〉고 따져 묻고는 그 자리를 박차고 나가는 아이도 있다. 이런 아이들은 다른 사람을 배려하기는커녕 자신의 권리만 주장한다. 거부당한 경험이 없어 자기 뜻대로 되지 않는 상황을 쉽게 이해하지 못한다. 세상 역시 자신을 위해 존재하고 부모가 자신을 위해 해주는 것은 당연한 것이니 좀처럼 감사할 줄 모른다. 좋은 부모가 되려고 했던 행동이 아이에게 독이 되는 경우다. 뭐든지 손에 넣고 군림할 수 있는 작은 황제가 된 아이는 누구도 통제할 수 없는 자기 조절 불능의 인간이 된다. 무한정한 사랑에 길들여지는 것은 아이가 단맛에 익숙해져 이가 썩는 과정과 흡사하다. 자신이 원하는 것에만 충실하다 보니 배려나 존중을 모른 채 모두가 피하고 싶은 이기적인 사람이 되는 것이다.

외동아이라고 해서 형제 관계를 모르거나 배우지 못하는 것이 아니다. 타인을 배려하는 아이로 키우려면 사회성을 익히도록 부모가 도와야 한다. 다자녀를 둔 부모는 부모 역할만 하면 되지만, 외동아이의 부모는 친구나 형제자매의 역할도 해야 한다. 올바르지 않은 행동을 꾸짖을 수 있는 부모로서의 권위도 가져야 하지만 때론 친구 같은 존재로 사회적 관계 맺기를 가르치는 것도 중요하다.

평등한 관계 맺기를 알려 주라

오하이오 대학교의 더글러스 다우니Douglas Downey 교수는 미국 청소년 건강 연구 자료를 이용해 1만 3천 명의 아이를 대상으로 형제 관계와 사회성 관계를 조사했다. 친구 이름을 몇 명이나 댈 수 있느냐는 질문에 유치원생의 경우 외동아이는 형제 있는 아이보다 친구 수를 더 적게 말했다. 하지만 초등학교에 들어가고부터 학년이 올라갈수록 그 차이가 줄어들어 나중에는 외동아이나 형제 있는 아이나 차이가 없었다. 미국의 심리학자 뉴먼Susan Newman은 외동아이의 경우 부모의 의도적 교육, 다양한 활동, 문화 센터나 유치원 등을 통해 사회화 교육을 받고 초등학교에서도 타인을 배려하는 법을 집중적으로 배우므로 사회성이 떨어질 이유가 없다고 말했다.

그렇다면 부모는 일상생활에서 어떻게 친구 역할을 할 수 있을까? 철저히 아이 연령의 수준이 되어 수평적인 관계를 맺어야 한다. 그래야 양보, 나누기, 배려, 협력, 갈등 조절 방법 등을 자연스럽게 알게 되는데, 이는 아이에게 양보를 받는 것에서부터 시작된다. 야박한 거 아니냐고들 하지만 다른 친구와의 올바른 관계 맺기 방법을 가르치려면 냉정하다 싶을 정도로 평등하게 대해야 한다. 그런 식으로 무엇이 〈평등〉인지를 알려 주어야 한다. 놀이 과정 속에서 경쟁하고 자기 것을 주장하고, 의견이 다를 때는 조정하고 맞추면서 다른 사람과 관계 맺는 법을 배워야 한다. 또한 함께 만든 규칙을 지키고, 갈등이 생겼을 때는 직접 해결하도록 시켜 봐야 한다. 가끔은 아이가 자기 것을 포기하는 상황도 만들어야 한다. 이런 과정을 통해서 아이는 자신의 감정과 욕구가 소중하듯 다른 사람의 감정과 욕구도 똑같이 소중하다는 것을 깨닫고 공감 능력을 갖추게 된다. 아이와 놀 때 가장 많이 하는 실수는 어느 순간 엄마 역할로 바뀌어 이것저것 지시하거나 주도하는 것이다. 이때 아이는 친구 관계에서 배워야 할 평등적 관계를 배우지 못한다. 나는 다양한 역할 놀이나, 게임, 체육 놀이 등으로 아이와 경쟁하면서 적당히 이기기도, 져주기도 하면서 세상에 단맛만 있지 않다는 것을 알려 주었다.

잦은 패배는 실패감으로 이어지므로 8:2 정도로 이기는 비율을 늘려 이길 때는 칭찬을 해주었고, 질 때는 노력에 대한 칭찬과 더불어 다시 도전하도록 격려했다. 또한 내가 하고 싶은 것은 다른 사람도 똑같이 원한다는 것을 인식시켜 다른 사람의 입장을 공감하고 타협하는 방법을 보여 주었다.

그러나 부모 역할인 수직적 관계와 친구 역할인 수평적 관계의 교차점이 정가운데에 오도록 균형 잡는 것이 쉬운 일은 아니다. 나 역시 매 순간 친밀감과 단호함의 경계를 넘나들어야 했는데, 직장 생활을 하면서 온종일 떨어져 미안함과 안쓰러움이 느껴질 때는 아이 요구를 더 많이 들어주게 되었다. 그럴 때마다 마음을 다잡아야 했다. 아이를 나쁜 길로 가게 하는 행동이라는 것을 알기 때문이었다. 의식적으로 친구처럼 서로 배려하는 평등한 관계로 돌아갔고, 부모와의 유대감이 부족하다 싶으면 따뜻한 말과 스킨십으로 아이를 감싸 주었다.

부모도 존중받아야 한다는 것을 가르쳐라

나는 아이에게 결핍을 먼저 가르쳤다. 맛있고 좋은 것을 충분히 사줄 수 있어도 절제하려고 노력했다. 자칫 뭐든지 자기 것이라는 생각을 가질까 봐 엄마 아빠는 물론 다른 사람과도 나눌 줄 알아야 한다고 가르쳤다. 먹을 때는 함께 있는 모두와 나누어 먹었고, 장난감도 이웃 친구와 함께 갖고 놀게 했다. 옷을 사 줄 때도 〈이 옷은 네가 입고 난 뒤 다른 동생들에게 물려주겠다〉고 말해 모든 것이 자기만을 위한 것이 아니라고 가르쳤다. 또한 물물 교환 장터에 같이 나가 가지고 있던 물건을 필요로하는 물건과 바꿔 쓰게도 했다.

유치원생이었던 아이는 어느 날 엄마 신용 카드만 있으면 무엇이든 다 가질 수 있을 것이라 생각했는지, 비싼 인형을 사달라고 했다. 나는 엄마가 가진 카드는 통장이랑 연결되어 돈이 빠져나가는 것이라고 이야기하며 그 통장의 돈은 우리 가족 모두가 골고루 나누어 써야 한다고 차근히 설명했다. 정말로 원하는 것이 있으면 집안일을 도와서 모은 용돈으로 사게 했다.

또한 엄마 아빠도 존중받아야 한다며 서로 〈말 잘 들어 주기〉를 했다. 가족 모두가 각자의 권리와 의무가 있음을 가르치고, 규칙을 지켜야 다른 사람에게 피해를 주지 않고 공정한 관계가 유지된다는 것을 알려 주었다. 아이는 이런 과정을 통해 점차 다른 사람과 협동하고 충돌을 조절해 가면서 타인을 이해하고 존중하며 사는 방법을 배운다.

『어린 왕자Le Petit Prince』의 작가 앙투안 드 생텍쥐페리Antoine de Saint-

Exupéry는 〈인간은 상호 관계로 묶이는 매듭이요 거미줄이며 그물이다〉라고 했다. 많은 자기 계발서가 성공의 요소 중 하나로 상호 작용을 든다. 상대의 감정과 관심사를 알아차리고 협력하고 갈등이 악화되는 것을 방지하는 능력이 있어야 한다는 것이다. 이러한 능력은 장기적으로 아이의 성공 가능성을 높인다.

감당할 수 없다면 하나에만 집중하라

요즘 청소년들이 저지른 범죄를 보면서 그 끔찍함과 잔인함에 경악한다.

여자 친구를 험담했다는 이유로 상대를 폭행하고 암매장하거나, 친구를 무자비하게 폭행한 뒤 뉘우치기는커녕 자랑스럽게 SNS에 올리는 등 청소년 범죄가 날로 심각해지고 있다. 전문가들은 그 원인을 교육에서 찾는다. 성적을 중시하는 사회적 분위기는 충분한 관심과 사랑을 줘야 할 엄마조차도 〈숙제는 했니?〉, 〈학원은 다녀왔니?〉 하며 아이의 마음을 외면하게 만든다. 엄마의 육체적, 심리적 부재가 아이를 외롭게 한다.

돌봄받지 못한 아이는 자아가 약하고 감정을 표현하는 방식이 미숙한 상태로 길러진다. 심리학자 토너Turner는 부모와의 애착 형성이 잘되고 욕구가 충분히 받아들여진 아동에 비해 그렇지 못한 아동은 공격적이고 독단적이며 자주 외로움을 느낀다고 말했다. 정신분석학자 에리히 프롬은 사람들이 안고 있는 고민과 불안은 모두 마음속에 자리한 〈의존 심리〉에

기인한다고 했다. 즉 사랑하고자 하는 마음과 받고자 하는 마음은 어떤 대상이건 의존할 대상을 필요로 한다는 것이다.

따뜻하게 보살펴 주는 엄마가 마음속에 없다면 엄마를 대체할 대상을 찾아 몰두하고 집착한다. 아이를 가장 행복하게 하는 것은 아이가 사랑하는 사람이다. 가장 마음 아프게 하는 사람도 마찬가지다. 엄마나 친구 등 사랑하는 사람과의 관계에서 오는 잦은 실패와 좌절이 아이를 공격적이고 파괴적으로 만든다.

투자해야 할 것은 돈보다는 시간

바깥일에 지친 엄마는 퇴근하고 또 다시 집으로 출근해 밀린 집안일을 하느라 아이를 돌볼 시간이 부족하다. 바쁘게 생활하다 보면 아이의 말을 들어 주고 마음을 살필 여유가 없다. 그렇게 차츰 함께하는 시간이 줄고 사이가 멀어지면 엄마는 학원 교사처럼 스케줄 관리만 하게 된다.

외동아이에게 가장 큰 선물은 함께 시간을 보내는 것이다. 『일곱 살부터 하버드를 준비하라』를 쓴 이형철, 조진숙 부부는 〈교육할 때 가장 필요한 덕목은 이해심과 인내심입니다. 교육 성과는 부모가 아이들과 함께하는 시간에 비례해요〉라고 말했다. 결국 아이에게 투자해야 할 것은 돈보다 시간이다. 한 지인은 남편의 잦은 지방 발령 때문에 거의 혼자 첫 아이를 키웠다. 둘째를 낳으면서부터는 남편과 함께 안정적으로 아이를 키웠는데, 어느 날 첫째 아이가 대성통곡을 하면서 아빠가 나만 미워한다고 속상함을 털어놓았다고 한다. 아빠는 아이에게 미안함을 전했지만, 어릴 때부터 많은 시간을 보낸 작은아이와는 달리 적은 시간을 보낸 큰아이와는 아직도 어색하다고 아내에게 고백했다. 함께하는 시간은 사랑을 만드는 시간이다. 사람들은 자기와 얼마나 많은 시간을 보냈느냐를 기준으로 관계의 우선순위를 정한다.

맬컴 글래드웰Malcolm Gladwell은 『아웃라이어Outliers』에서 특정 분야에서 이른바 전문가가 되기 위해선 적어도 1만 시간 이상을 투자해야 한다고 했다. 몰입한 시간과 노력한 시간이 많을수록 성공한다는 것이다. 마찬가지로 엄마가 관심을 두고 시간을 투자한 만큼 아이는 성공한다. 이를 뒷받침하는 연구 결과가 있다. UCLA 보건대 교수 주디스 블레이크Judith Blake는 고등학생 44만 명을 대상으로 이들을 서른 살까지 추적 조사했다. 그 결과 부모와 많은 시간을 함께한 외동아이의 인지 점수가 높고 학교나 직장에서도 높은 성취도를 보였으며 사회적, 경제적 지위가 더 높은 삶을 살아간다는 사실이 밝혀졌다.

아이에게 집중할 수 있는 환경을 만들어라

나는 아이에게 온전히 집중할 수 있는 환경을 만들었다. 먼저 아이, 집안일, 직장 일의 우선순위를 정하고 그에 맞게 시간을 조절했다. 당연히 우선순위의 첫 번째는 아이였다. 많은 시간을 함께하지 못하는 상황에서도 최대한 아이와 함께할 시간을 확보했다.

그러기 위해선 무엇이든 내 손으로 직접 해야 한다는 강박관념과 뭐든지 잘해야 한다는 슈퍼우먼 콤플렉스를 버려야 했다. 친정어머니는 〈아이 여럿을 키우다 보니 먹이고 씻기고 집안일하다 아이 예쁜 줄도 모르고 시간을 보냈다〉고 하며 아쉬움을 토로하곤 하셨다. 당시 힘들고 지쳐 화풀이하는 듯한 어머니의 모습을 상기하며 절대로 나 자신을 힘든 상황으로 몰아붙이지 않겠다고 다짐했다.

먼저 집안일하는 시간을 줄였다. 아이가 어릴 때는 일주일에 한 번 집안일을 해주시는 분의 도움을 받았고, 아이가 조금 크면서부터는 같이 청소기 돌리기, 빨래 널기 등 집안일을 하면서 함께 시간을 보냈다. 완벽을 추구하지 않았기에 집이 조금 지저분해도 스트레스를 받지 않았다. 시간이 없으면 밥을 사 먹기도 했고, 주변 사람들의 도움을 받기도 했다. 또한 집의 공간을 단순하게 구분하여 정리에 손이 덜 가는 방안을 강구했다. 아이가 운동을 하러 나가거나 외출할 때 필요한 물건을 쉽게 찾도록 정리했고, 살림을 효율적으로 하기 위해 할 일을 목록화하여 집안일에 들어가는 시간을 최소화했다. 출퇴근 시간을 아끼려고 직장을 옮길 때마다 직장과 5분 거리의 집을 얻어서 아이와 함께 있는 시간을 최대한 늘렸다. 우선순위를 정한 뒤 그에 따라 시간을 확보하자 아이에게 몰입하고 집중하는 것이 수월해졌다.

함께 있는 시간만큼은 집안일을 뒷전으로 미루고 온전히 아이에게 집중해 서로의 생각과 마음이 통하도록 노력했다. 아이가 혼자 놀다가도 엄마를 쳐다보면 눈을 마주치고 손을 흔들며 자신에게 집중하고 있다는 것을 보여 주었다. 원할 때는 이야기를 들어 주고 문제는 함께 해결했다. 식사를 준비하는 동안 식탁에서 숙제를 하게 했고, 저녁을 먹는 동안 하루를 어떻게 보냈는지 물었다.

함께하는 시간에는 TV를 보거나 전화를 하지 않았다. 설거지도 아이가 방에 들어갔을 때 하며 함께 지내는 시간을 되도록 많이 가졌다. 공부나 과외 활동 그리고 친구들과의 관계 등 일일이 묻지 않아도 마음을 파악할 수 있도록 처음부터 관심의 끈을 놓지 않았다. 힘들거나 괴로워할 때는 늘 곁에서 위로했고 시간이 날 때마다 함께 책을 읽거나 놀이를 하고 운동하며 아이의 세계에 동화되려고 노력했다. 무엇에 관심이 있고 흥미롭게 여기는지 유심히 살피면서 같은 수준이 되어 함께 즐겼다. 잠들기 전에는 침대에서 같이 뒹굴고 등이나 배를 쓰다듬으면서 아이가 밖에서 가졌던 긴장감을 풀어 주었다. 자려고 누웠다가 함께 장난치며 깔깔대기도 하고 다시 말을 하는 사람이 〈천 원 내기〉를 할 정도로 수다를 떨기도 했다. 아이에게 가장 큰 선물은 엄마의 관심이다.

미하엘 엔데Michael Ende의 『모모Momo』에 다음과 같은 구절이 나온다. 〈한꺼번에 도로 전체를 생각해서는 안 돼. 알겠니? 다음에 딛게 될 걸음, 다음에 쉬게 될 호흡, 다음에 하게 될 비질만 생각해야 하는 거야. 계속해서 바로 다음 일만 생각하는 거야.〉 가장 중요한 순간은 바로 〈지금 하는 비질〉이다. 가장 필요한 사람은 지금 당신과 함께 있는 사람이고, 가장 중요한 일은 함께 있는 사람에게 선을 행하는 것이다. 아이에게 충분한 관심과 애정을 주어야 한다. 내 아이이기 때문임을 떠나 이 사회를 더욱 밝게 비춰 줄 작은 빛이 될 존재이기 때문이다.

2부 ———

외동아이일수록 엄마 공부가 필요하다

외동아이의 약점을 강점으로 만드는 엄마의 행동 철학

책임감 있는 아이로 키우려면, 선택권을 주자

EBS 「지식채널e」의 UCC 공모작 「엄마 말 들어」의 주인공은 엄마를 세상에서 가장 좋아하는 아이였다.

만화가가 되고 싶던 꿈을 포기하고 엄마가 원하는 외교관으로 진로를 바꿀 정도로 엄마 말을 잘 들었다. 엄마 말에 따라 열심히 학원을 다니던 아이는 19세가 되자 자신이 진정 무엇을 하고 싶은지 고민하기 시작했다. 방황하는 아이에게 엄마는 다 〈네가 행복해지는 길〉이라고 말한다. 하지만 집, 학교, 학원 등 반복되는 일상에서는 행복의 의미를 찾을 수 없었다. 엄마는 줄곧 〈다 너를 위해 하는 말이야. 넌 아직 철이 없어서 그래. 엄마 말 들어〉 하면서 아이의 인생을 자신의 선택으로만 이끌었다.

부모들은 성공적인 로드맵을 짜주면 아이가 성공할 거라고 생각한다. 자기의 길을 가려고 하면 〈엄마 아빠가 살아 봐서 아는데〉라며 경험과 지식을 앞세워 아이를 설득한다. 재능을 발굴해 낸 뒤 하나부터 열까지 미리 계획된 진로대로 아이를 끌고 가는 엄마를 일명 알파맘이라고 한다. 10세에 바이올리니스트로 이름을 날리던 외동딸 버네사 메이Vanessa Mae의 엄마가 대표적인 알파맘이다. 메이는 엄마의 철저한 통제와 계획 아래 친구 관계는 물론 일상적인 작은 일도 주도적으로 하지 못했다. 결국 20살이 되자 천재 바이올리니스트라는 명성을 버리고 집을 나왔다. 지금은 평소 꿈꾸던 스키 선수가 되어 올림픽에 출전하는 등 자신의 삶을 살아가고 있다. 그녀는 아이를 낳으면 엄마처럼 될까 봐 아이를 포기했다고 한다. 부모의 강요에 선택권 없이 살아 간 아이는 부모의 바람대로 되기보다는 상처를 안고 살아가게 된다.

타인이 선택해 주는 삶은 쉽게 피로해진다

스웨덴 외레브로 대학교 발달 심리 연구진은 미국 중·고등학교 학생을 대상으로 부모의 무조건적인 통제가 아이에게 어떤 영향을 미칠지 실험했다. 〈하지 말라〉, 〈안 된다〉, 〈저거 말고, 이거 해라〉 등의 통제를 할수록 아이는 자신의 선택이 거부당했다고 느끼고, 나중엔 엄마의 규칙이나 조언에 무조건 반대되는 선택을 했다. 아무리 적절했다 하더라도 엄마의 통제가 가해지면 아이들은 선택권이 없다고 여긴다. 다른 사람의 선택으로는 마음이 움직이지 않는다.

문제는 아이가 자신의 삶에 선택권이 없다고 판단하면 그 결과에 대해서도 책임질 필요성을 못 느낀다는 것이다. 아이가 무슨 일을 하려 할 때마다 엄마가 지시하거나 대신해 주었다면 아이는 삶의 주체가 엄마라고 생각한다. 문제가 생기면 자신이 선택한 것이 아니므로 책임이 없다고 생각한다. 엄마가 짜놓은 일정에 맞춰 살다 보면 아이는 삶을 패키지 여행처럼 느끼고 어느 순간부터는 시시하다고 여긴다. 누군가가 선택해주는 삶은 쉽게 피로해진다. 열심히 공부하고 일했는데도 마음이 여전히 허전한 이유는 자기가 선택한 것이 아니기 때문이다. 〈너 잘되라고 하는 거야〉라는 말에 어쩔 수 없이 따르지만 마음 깊은 곳에서는 부모가 자신을 인정하지 않고 심지어 사랑하지 않는다고 느낀다. 아이들은 인정받을 때 사랑을 느낀다.

아이에게 선택권을 주자

아이는 만 2~4세부터 자아가 발달하면서 좋고 싫음이 생긴다. 자기주장이 강하게 나타나는 시기로 사춘기 이전의 〈제1의 반항기〉로 불린다. 이때부터 아이는 스스로 자신과 관련된 것들을 선택해 나가면서 세상으로부터 받아들여지는 느낌을 갖는데, 이는 긍정적인 자아를 형성하는 결정적인 요인이다. 스스로 선택할 힘은 걸음마를 배우듯 시행착오를 거치면서 만들어지는데, 이는 두려움을 극복하고 실패해도 다시 도전하게 만드는 원동력이 된다. 따라서 이 시기에는 아이에게 선택권을 넘겨야 한다. 교육학자 존 듀이John Dewey는 〈자아란 이미 완성된 것이 아니라 끊임없는 선택의 행위를 통해 지속적으로 만들어진다〉라고 했다.

나는 아이가 걸음마를 떼기 시작하자 〈안 돼, 위험해, 하지 마〉라고 선택을 꺾기보다 위험한 환경을 최대한 없애는 데 집중했다. 마음껏 돌아다니라고 집 안의 위험한 물건들은 다 치우고 가구의 모서리 등 부딪힐 만한 모든 곳에 부드러운 천을 감싸 놓았다. 벽에는 흰 종이를 붙이고, 바닥에는 뭐든 쉽게 지워지는 장판을 깔아 아이가 원하고 선택한 대로 마음껏 놀게 했다. 아이는 자기 몸을 마음껏 움직이면서 다양한 물건들을 직접 골라 만지고 돌아다니면서 자유롭게 성장했다. 위험한 일이 아니라면 혼자 시도하도록 놔뒀고 실수를 해도 스스로 해결할 때까지 기다렸다.

말을 알아듣기 시작하면서부터 아이의 의견을 자주 물어 그 생각대로 선택하게 했다. 어떤 반찬이 먹고 싶은지, 어떤 놀이를 하고 싶은지, 유치원 갈 때 어떤 옷을 입고 싶은지, 어떤 빵을 사고 싶은지 등 직접 고르게 했다. 주어진 상황마다 아이에게 〈어떻게 생각해?〉, 〈뭐가 좋을 것 같아?〉라고 물으며 스스로 생각하고 선택하도록 유도했다. 어느 날 〈오늘은 어떤 걸 신고 갈까?〉 물었더니 화창한 날인데도 동화책에서 봤던 노란 장화를 신고 가겠다고 했다. 〈햇볕이 뜨거워 발이 더울 텐데 괜찮겠어?〉라는 질문에도 신고 가겠다는 의지를 굽히지 않았다. 결국 아이는 화창한 날 노란 장화를 신고 유치원에 갔다.

이렇게 선택할 기회를 준다고 해도 늘 쉽게 선택할 수 있는 것은 아니다. 선택은 꾸준한 훈련이 필요한 행위이므로 생활 속에서 자주 기회를 주어야 한다. 나는 아이가 하나였기에 수시로 선택할 기회를 주고 그 선택을 기다려 줄 수 있었다.

물론 직장을 다니면서 바쁜 아침에 아이의 모든 선택을 기다려 주기는 쉽지 않았다. 윗도리 단추를 스스로 채우겠다며 느릿하게 움직일 때는 한시가 급한 아침에 속이 터질 듯했다. 아이가 스스로 선택하고 행동하는

데에는 늘 시간이 걸린다. 그 시간은 자기가 가진 모든 정보를 모아 생각하고 선택하면서 사고력이 높아지는 순간이다. 수많은 뇌세포가 활발히 움직이는 그 순간을 빼앗아서는 안 된다. 아침에 시간이 촉박할 때는 미리 다음 날 입을 옷이나 신발을 고르게 하는 등 대안을 마련해 아이가 선택할 수 있는 권리를 지켜 주는 것이 좋다.

아이의 선택이 제일 나은 선택이 되도록

하지만 모든 일에는 적당한 기준이 필요하다. 자유롭게 키우고 싶은 나머지 아이에게 너무 많은 선택지를 주는 경우가 있다. 양치질, 식사 등 기본적이지만 중요한 항목까지 아이가 결정하도록 하는 것은 지나치게 과도한 선택권을 주는 것으로 오히려 해가 될 수 있다. 무거운 책임감을 안겨 부담을 주거나 자기가 집안의 왕이라는 인식을 가질 수 있다.

내 아이 지호가 놀이터에서 집에 안 가겠다고 떼를 쓴 적이 있다. 이때 무조건 안 된다고 하면 더 하고 싶어지게 마련이다. 나는 〈너무 재미나서 더 놀고 싶구나〉 하면서 가장 먼저 아이의 마음을 읽고 공감했다. 그 다음 아이에게 선택의 기회를 주었다. 〈우리 그럼 10을 셀 때까지 놀까? 30을 셀 때까지 놀까?〉 아이는 잠시 생각하더니 30이라고 대답했다. 아이는 자기가 선택한 숫자 30을 끝까지 세자 망설임 없이 집으로 향했다. 아이에게 선택지를 줄 때 너무나 많은 정보를 주거나 어려운 사고 과정을 거치게 한다면 선택에 어려움을 느낀다. 나는 미리 적당하다고 생각하는 2~3개 정도의 대안을 마련해 아이가 쉽게 선택하도록 했다. 그러고 나면 스스로 선택했다는 자부심을 가지고 쉽게 결과를 수용하고 납득한다.

생활을 통해 학습한 경험과 자극은 오랫동안 각인된다. 어려서부터 자신과 관련된 것들을 주도적으로 선택하는 습관을 길러야 훗날 학원에 다니는 것이 나을지 혼자 EBS로 공부할 것이 나을지 선택할 수 있다. 아이의 결정 앞에서 부모는 의견과 정보만 주어야 한다. 학원을 고르거나 진로 문제 등 가족 모두가 결정해야 할 크고 어려운 선택 앞에서 나는 되도록 아이의 의견이 많이 반영하도록 했다.

선택하는 것이 습관이 된 지호는 고등학교 1학년이 되자 진로 관련 검사를 직접 찾아서 하더니 고민 끝에 〈엄마, 나는 영어 공부할 때가 가장 재미있고, 다른 과목보다 빨리 배우는 것 같아〉라며 유학을 결정했다. 나는 아이가 왜 이러한 선택을 했는지 충분히 듣고 공감했다. 그리고 아이의 인생에서 가장 좋은 선택이 되도록 관련 정보들을 모아 조언을 했다.

아이의 마음이 끌리도록 하자

아이가 〈이것만은 했으면 좋겠다〉라고 생각하는 것이 있다. 이때도 아이를 설득하거나 이끌기보다 아이에게 먼저 기회를 주고, 그것을 스스로 선택한 것처럼 느끼게 해야 한다. 그래야 아이는 책임을 지려 한다. 나는 6~7세가 악기 배우기에 좋은 시기라는 것을 알고 악기를 접하게 하고 싶었다. 피아노 쇼핑몰에 수시로 가서 멋지게 피아노 치는 사람들을 구경하고, 건반을 만져 보고 아름다운 피아노 소리를 감상하게 하면서 놀이터에 온 것처럼 재미를 느끼게 했다. 결국 아이 입에서 피아노가 배우고 싶다는 말이 나왔다. 그래도 바로 결정하지 않았다. 하룻밤 자고 나서 네가 정말 하고 싶은지 다시 생각해 보고 결정하자고 했다. 그러자 다음 날 피아노를 배우고 싶으며 열심히 다니겠다고 말했다. 피아노 학원에 다니기를 자신이 결정했다는 생각에 아이는 책임감을 가졌다. 수업 시간이 되면 알아서 갔고, 어려운 단계가 왔을 때도 끈기를 갖고 이겨 내려고 했다. 발달 과정에 꼭 필요한 학원을 보내고 싶다면 무작정 끌고 가기에 앞서 아이의 마음이 끌리게 하자.

시간을 주었는데도 결정하지 못할 때는 나의 선택 방법을 예로 보여 주었다. 나는 선택 과정을 단순하리만큼 쉽게 만든다. 고등학교 때 어느 책에선가 〈A와 B가 별 차이가 없을 때 우리는 고민한다〉라는 문장을 읽은 뒤부터다. 결과에 별 차이가 없다면 갈등을 하면서까지 결정의 순간을 길게 가지지 않았다. 시간을 정해 놓고 고민을 해도 별 차이가 없으면 직감으로 선택했다. 선택하는 데에 시간이 많이 들었다고 올바른 선택을 하는 것은 아니다. 어떤 결정도 모두를 동시에 만족시킬 순 없다. 다만 그 결과에 기뻐하거나 실망할 뿐이다. 실망을 하더라도 자책할 필요는 없다. 우리는 아무도 알 수 없는 미지의 길을 간다. 결과에 크게 연연하지 말고 아이에게 폭넓은 선택을 하게 해야 한다. 가장 중요한 것은 결과가 아니라 아이가 자신의 삶을 살아간다는 느낌이다.

위험 요소를 충분히 예측한 뒤 아이에게 선택권을 줘야 한다. 그것은 시행착오를 겪으며 발전할 때까지 기다려 준다는 뜻이다. 선택권을 주었으면 부모는 불안해도 그 선택을 신뢰하고 결과를 기다려야 한다. 혹여 잘못된 선택이라도 비난하지 말고 응원해야 한다. 아이의 선택을 비난한다면 아이는 곧 자기를 비난한다고 여긴다. 잘된 선택은 성취감으로, 실패한 선택은 격려를 통해 도전 정신으로 이어 나가게 해야 한다. 스스로 선택하면 실패든 성공이든 그 결과가 자기 몫이라고 느낀다. 그렇게 아이는 어떤 결과든 주변을 탓하지 않고 자기 주도적으로 판단한다. 스스로 할 수 있는 범위가 넓어질수록 아이는 행복하다.

많은 부모가 이성적으로는 아이를 독립적으로 키워야 한다는 걸 알지만 감정적으로는 그렇지 못하다. 부모의 불안감 때문에 아이의 의지와 상관없이 미리 방향을 정해 놓고 아이를 몰아가는 건 아닌지 곰곰히 생각해 보자.

유대감 강한 아이로 키우려면,
안아 주자

어린 시절 부모로부터 버림받았다고 느꼈던 A는 10대 후반 어떠한 사람과도 유대감을 느끼지 못했다. 어른이 되어서도 마찬가지였다.

심지어 극심한 우울증, 약물 중독으로 자살을 시도한 적도 있었다. 그런 그녀가 영화 촬영차 방문했던 캄보디아에서 아이를 입양해 키우면서 아이와 강한 유대감을 경험했다고 한다. A는 배우 앤젤리나 졸리Angelina Jolie다. 모든 것을 갖춰 행복해 보이는 유명인도 나름대로의 상처가 있다.

마음의 상처를 치유해 준다는 책들이 쏟아져 나온다. 상처를 위로받고 자신이 왜 이리도 힘들게 살아야 하는지 해답을 찾기 위해 사람들은 〈용기〉, 〈자존감〉, 〈힐링〉 등과 같은 키워드에 주목하며 심리학에 관심을 돌린다. 그러나 상처를 치유할 약은 멀리 있지 않다.

강한 유대감은 세상을 이겨 낼 힘

세상의 어려움을 이겨 내는 힘은 〈사랑〉이다. 그 사랑의 근간은 엄마와의 애착이다. 엄마와의 애착은 아이의 건강한 삶을 지탱하는 정신적 탯줄이다. 교육학자 메리 에인스워스Mary Ainsworth는 〈애착이란, 한 개인이 자신과 가장 가까운 이에게 느끼는 강한 감정적 유대 관계를 뜻한다. 아이에게 애착은 강한 본능이자 삶의 이유다. 부모의 사랑에 절대적으로 의지하는 아이에게 언제 어디서든 엄마와 감정적으로 연결되어 있다는 느낌을 주는 것은 아이를 튼튼하게 만든다〉고 정의했다. 영국의 소아과 의사 존 볼비John Bowlby는 〈사람들이 살아가면서 느끼는 불안과 스트레스와 외로움은 가장 원초적인 엄마와의 관계에서 애착이 만들어지지 않았기 때문이다〉라고 했다. EBS 다큐멘터리 「아기 성장 보고서」에서 엄마와의 애착 정도가 아이의 생활과 어떤 관련이 있는가를 실험했다. 초등학교 3학년 아이들에게 생일 파티에 초대하고 싶은 세 사람을 적어 보라고 했다. 누구에게도 초대받지 못한 아이는 다섯이었는데 이들의 공통점은 어렸을 때 엄마와의 애착 관계가 제대로 형성되지 않았다는 것이다.

동물도 마찬가지다. 어미가 애정 표현을 많이 해준 새끼 곰은 자라면서 두려움이 없어지고 도전 정신이 강하다. 정신력도 강해 스트레스를 잘 견딘다. 반면 어미의 애정을 충분히 받지 못한 새끼는 겁이 많고 불안해하며 스트레스에 약하다.

사람이건 동물이건 애착은 본능이다. 엄마와 애착 형성이 안 된 아이는 자신을 보호해 주지 않는 엄마에게 불신을 느끼고, 세상을 믿지 못해

매사에 부정적이다. 엄마가 지켜 주지 않는 세상은 무섭고 두려운 곳이다. 엄마가 자신을 버릴지도 모른다는 불안감이 생기면 〈엄마 껌딱지〉가 되어 어딜 가든 붙어 있거나, 아예 사랑받기를 포기하고 혼자만의 세상을 만들기도 한다.

어떤 모습이건 받아들이고 품어 주면 아이는 보호받고 있다고 믿는다. 엄마 혹은 자신을 돌봐 주는 사람과의 애착은 정서 발달과 대인 관계에 중요한 기초가 된다. 나무 뿌리가 튼튼해야 무럭무럭 자라듯 단단한 신뢰의 끈으로 이어진 엄마가 자신을 믿어 주면 세상에 대한 믿음이 생긴다. 친구나 주변 사람들과의 관계도 원만해져 힘든 상황이 닥쳐도 툴툴 털고 〈인생은 살아 볼 만하다〉고 생각한다. 특히 사춘기에 엄마와의 애착은 자신의 뜻대로 공부가 되지 않을 때, 진학에 실패했을 때, 친구에게 왕따를 당할 때 등 어려운 순간을 극복하게 하는 예방 주사다.

철학자 장폴 사르트르Jean-Paul Sartre는 좋은 관계는 정신적 안식처라며 소속감과 사랑받는 것의 중요성을 강조했다. 사회학의 창시자 중 하나인 에밀 뒤르켐Émile Durkheim은 관계가 행복을 가져다준다고 말했다. 노인 수명을 연구하는 의학자들도 주변인과의 신뢰성을 바탕으로 한 관계 형성이 정신적, 신체적 면역력을 높이고 담배를 끊는 것 이상으로 수명을 연장시키며, 수술 후 회복 속도를 높이고 우울증과 불안 장애의 위험을 줄인다고 발표했다. 만약 누군가가 얼마나 행복한지 또는 그가 얼마나 오래 살지를 예측하고 싶다면 관계를 살펴야 한다는 것이다.

아이의 욕구에 민감해져야 한다

어떤 엄마는 애정을 많이 쏟고 애지중지 키웠는데도 〈애가 왜 저러는지 모르겠다〉고 속상해한다. 긴 시간을 함께했다고 무조건 애착이 생기는 것은 아니다. 애착은 엄마와 아이 간의 상호 작용이다. 서로 소통이 되지 않은 채 일방적으로 애정을 주는 방식이라면 아이는 애착을 못 느낀다. 즉 애착의 형태가 불안정해진다. 아이의 욕구와 심리 상태를 제대로 읽지 못하는 둔감한 엄마는 나름대로의 노력을 하지만, 아이는 사랑받는다고 느끼지 못한다. 엄마는 아이가 할 수 있는 것과 할 수 없는 것, 꼭 해야만 하는 것과 그렇지 않은 것을 잘 구별할 정도로 민감해져야 한다. 그래야 엄마를 〈나의 욕구가 무엇인지를 잘 아는 사람, 믿을 만한 사람〉이라고 생각한다. 즉 서로 마음이 통한다고 느끼게 해야 한다.

처음부터 아이의 감정을 읽고 공감하기는 쉽지 않다. 그러나 감정을 읽지 못하면 육아는 힘든 과정의 연속이다.

〈이가 썩으니까 사탕 그만 먹어〉라는 엄마의 말은 아이의 입장에서 볼 때 자신을 사랑하지 않는다는 뜻이다. 자신이 원하는 사탕도 못 먹게 하고 아이스크림도 주지 않으니 사랑이 아닌 것이다. 엄마는 치아가 상할 것이라는 걱정을 하는 것이지만 그것은 동시에 아이가 원하는 것을 읽지 못하는 것이기도 하다. 안아 주면서 〈사탕이 먹고 싶었구나. 사탕 많이 먹어 이가 썩으면 아플 텐데! 예쁜 아들이 아프면 엄마 마음도 아파〉라고 말한다면 아이는 사탕에 대한 욕구도 알아봐 주고 걱정도 해주는 엄마의 마음을 읽고 사탕을 먹지 못해도 사랑을 느낀다. 이때 아이는 엄마의 사랑을 체온으로 느끼며 유대감을 가진다.

아이는 말과 몸으로 사랑을 확인한다

하나만 낳아 키우면서 나는 아이에게 집중할 충분한 시간을 가졌고 더 강력한 유대감을 가질 수 있었다. 오감을 곤두세워 감정을 살피면서 아이의 생각과 욕구를 들어주고 공감했다. 그리고 늘 따뜻하게 안아 주었다. 이러한 행위들이 습관이 되자 사춘기에 접어들어 나와 거리가 생겨도 자연스럽게 안고 머리를 쓰다듬으며 사랑한다고 표현할 수 있었다. 표현하지 않으면 부모의 마음을 느끼지 못한다. 자기 전에도 〈얼마나 많이 컸나〉 하면서 엉덩이를 토닥거려 주고 유머러스한 말과 장난스런 스킨십으로 하루의 긴장감을 풀어 주었다. 내 아이 지호는 내성적이었지만 나의 의도적인 따뜻한 말과 체온으로 적극적인 성격으로 바뀌며 밝고 명랑해져 갔다.

학교에서 아이들이 아프다고 보건실로 찾아올 때도 〈피부 다리미〉를 사용했다. 아프다는 곳을 만져 주기만 해도 아이들은 금방 괜찮아지곤 한다. 쓰다듬는 것만으로 정서적 안정감과 사랑받는다는 느낌을 주어 통증이 진정된다. 신경학자 캔다스 퍼트Candace Pert는 〈우리는 각자 훌륭한 약병을 지녔다. 우리는 몸과 마음을 움직이는 데 필요한 모든 약을 스스로 생산한다. 그 약은 오피오이드와 옥시토신 호르몬인데, 이것은 세상을 따뜻하고 아름답게 느끼게 한다〉고 했다. 이 호르몬은 포옹, 마사지, 품에 안고 재우기 등 다양한 신체 접촉을 통해 나오는데, 삶을 즐기게 하고 순간에 집중하게 하며, 순리에 따르게 하고 때론 힘든 상황도 이겨 낼 수 있는 힘을 내게 한다.

교육 심리학자 에두아르트 슈프랑거Eduard Spranger는 〈아이는 피부 접촉과 함께 성장하므로 많이 안아 줘야 한다〉고 했다. 또한 심리학자 매트 허텐스테인Matt Hertenstein 역시 안아 주는 것을 접촉 소통이라고 명명하고, 사랑을 가득 담아 아이를 안아 주면 정서는 물론 지능도 좋아진다고 말했다. 반면에 신체적 접촉을 거부당한 아이들은 지적, 신체적 발육이 늦고 몸도 잘 자라지 않는다고 한다.

가난한 환경에서 역경을 이겨 내거나 실패를 극복한 사람들에게는 공통점이 있다. 이들은 적어도 한 사람의 보호자와 깊은 유대감을 형성하고 있었다. 꾸준히 믿고 사랑을 주고 정서적으로 긍정적인 영향을 준 사람이 있었던 것이다. 태어나는 순간 엄마와 아이 사이의 육체적 탯줄은 끊어지지만 심리적인 탯줄은 커서까지 꾸준히 연결된다. 형제 없이 커도 엄마가 세상 누구보다 자신을 사랑한다고 느낄 때 아이의 마음속에는 자기애가 자라나고 세상을 사랑할 마음이 형성된다. 앤젤리나 졸리의 상처를 치유한 것은 아이들과 나눈 사랑이었다. 엄마와의 유대감이 강할수록 아이는 의심하지 않고 불안하지 않으며 엄마의 사랑을 믿고 더 넓은 세상으로 나아간다. 아이는 말과 몸으로 사랑을 확인한다. 잘해서 안아 주는 것이 아닌 그냥 웃고, 안고, 사랑한다고 말해야 한다. 그래야 아이는 자신이 소중한 존재임을 깨닫고 심리적 안정을 유지하며 세상을 견뎌 낸다.

자율적인 아이로 키우려면,
혼자 하게 두자

보건 수업 시간에 한 학생이 책상에 팔을 베고 엎드려 있었다. 주변 아이들이 〈B는 원래 그래요〉라고 말했다.

학교에 와서 엎드려 있거나 자는 것이 일상이 된 듯했다. 중학교에 가면 수업 시간에 자는 아이들이 절반을 넘고, 고등학교에 가면 공부하는 5~6명을 제외하고는 모두가 딴짓을 한다고 한다. 한국 청소년 상담원 조사 결과 청소년의 18.6퍼센트가 하루 평균 1시간 이상 수업 시간에 엎드려 자며 자신에 대해 부정적일수록 그 시간은 늘어난다고 한다.

부모가 의욕을 표출할수록 아이는 포기한다

부모들은 종종 〈혼자 할 줄 아는 것도 없고 스스로 하도록 내버려 두면 무엇을 하는지 속 터져서 지켜볼 수가 없다〉고 불만을 토로한다. 아이들은 자신을 믿지 않는 부모의 이런 말에 의욕을 상실한다. 〈하고 싶은 것을 하려고 해도 허락하지 않거나 혼만 낼 텐데〉 하며 차라리 아무것도 안 하는 길을 택한다. 알고 싶은 욕구, 해보고 싶은 아이의 순수한 욕구를 〈말썽을 피운다〉, 〈쓸데없는 일이나 하고 다닌다〉 등 부정적인 말로 억눌러 버리면 세상을 경험할 기회가 줄고 스스로 판단하는 능력이 발달하지 않는다. 학교에서도 자신의 행동 하나하나 괜찮은지 아닌지를 물어보는 아이들이 있다. 그런 아이들은 주체적으로 생각하지 못하고 주변에서 정해 준 대로 한다. 우리 교육은 좋은 대학을 나왔어도 학교나 사회에서 시키는 일만 하거나 시켜도 잘 못하는 수동적인 아이들을 만들었다.

아이러니하게도 부모가 의욕을 표출할수록 아이는 수동적이 되고 급기야 자신을 포기한다. 남보다 잘 키우려는 욕심에 너무 많은 것을 해주면 아이는 스스로 할 줄 아는 게 없다며 자신감을 잃어 간다. 과잉보호나 과잉 통제는 〈시켜야만 하는 아이〉, 〈시켜도 안 하는 무기력한 아이〉를 만든다.

통제권을 가진 아이들은 더 열심히 한다

〈알아서 하는 자율적인 아이〉는 어떤 아이일까? 누가 시키든 시키지 않든 주변의 눈치를 보지 않고 스스로 행동하는 아이이다. 자율적인 아이들은 기업가 마인드를 갖고 능동적으로 살아간다. 같은 대학을 나와도 10년 후 각기 다른 인생을 사는 이유는 주어진 일만 하는 태도와 자기

일을 스스로 찾고 만들어 가는 태도에 있다.

누가 시켜서, 누가 보고 있어서, 보상이 있어서 무엇인가를 한다면 발전은 없다. 아이에게 스스로 결정할 권한을 주면 처음엔 실수를 한다. 하지만 실수를 통해 배우고 스스로 관리하지 않으면 안 된다는 것을 깨닫는다. 빌 게이츠Bill Gates는 어릴 적 무엇이든 꾸준히 하지 못하고 빨리 싫증을 내며 엄마가 아무리 야단을 쳐도 소용없을 정도로 산만했다. 엄마는 빌을 심리학자에게 데려갔다. 1년 동안 빌을 관찰한 심리학자는 〈아이에게 무엇을 강요하거나 타이르지 마세요. 하고 싶은 것을 하게 하세요. 혼내도 소용없어요〉라고 말했다. 빌의 엄마는 그 이야기를 듣고 절대 아이를 관리하지 않겠다고 다짐했다. 놀랍게도 아이는 달라지기 시작했다. 스스로 결정하고 판단하고 집중한 결과 정보 기술 시대를 선도해 온 마이크로소프트의 창업자가 되었다.

찰스 두히그Charles Duhigg는 『1등의 습관Smarter, Faster, Better』에서 〈인간은 통제권을 쥐고 있다고 생각할 때 더 열심히 일하고 노력한다. 자신감이 더 강해지고 역경도 빠른 속도로 이겨 낸다. 자신을 통제한다고 믿는 사람이 그렇지 않은 사람보다 장수할 확률도 훨씬 높다〉고 말했다. 수많은 연구 결과가 입증하듯 부모가 자율성을 보장할 때 아이의 성취도와 자신감이 상승한다. 〈자율〉이란 그리스어 〈자기〉와 〈통치〉라는 말에서 유래했는데, 이는 스스로 규칙을 정하고 그것을 지킨다는 의미다. 스스로 하고 싶어 하는 마음은 자율성이 보장될 때 생긴다.

아이는 커가면서 부모에게 의존하는 비율이 줄어 든다. 3세 아이나 사춘기 아이가 〈내가 할 거야!〉, 〈싫어!〉라고 반항한다면 자기 생각이 생겼다는 증거다. 그 의지는 바로 자율성이며 그것은 본능이다. 이는 정상적인 발달 단계다. 그러나 대부분의 부모는 아이의 자율성을 인정하기보다 그저 품 안에서 무탈하게 키우고 싶어 한다.

더 중요한 것은 시간과 공간을 주는 것

아동학자 에크하르트 톨레Eckhart Tolle는 〈스스로 주도하는 혼자만의 시간을 갖는 것은 아동 발달에 중요하다〉고 말했다. 혼자만의 시간을 갖는 아이는 흥미와 호기심을 갖고 도전하며 긍정적인 아이로 자란다. 혼자만의 시간을 주는 것은 아이에게 정신적, 물리적 공간을 허용하는 일이다. 허용은 스스로 계획하고 목표를 정하고 문제를 해결하려는 힘을 기른다. 엄마가 허용적일수록 아이의 반항도 줄어든다. 나 역시 평소 아이를 제재하거나 억압하는 환경을 줄여 반항이 시작되는 미운 세 살과 사춘기를 잘 넘길 수 있었다.

〈엄마 매니저〉, 〈엄마 코치〉라는 단어가 유행할 정도로 아이를 위해 뭐든지 하는 사람이 많다. 그들과 비교하면 나는 해주는 게 하나도 없는 엄마였다. 다만 딱 하나 아주 열성적으로 하는 것이 있었다. 아무리 엉뚱한 일이라도 아이가 하고자 하는 것이 있다면 기다리고 격려하고 칭찬한 것이다. 혼자 숟가락질을 할 때면 먹는 양보다 흘리는 양이 더 많았지만 직접 떠먹여 주지 않았고, 유리컵 대신 다양한 플라스틱 컵을 준비해 아이가 잘못 잡거나 떨어뜨려도 다치지 않도록 했다. 옷도 혼자 입게 했다.

초등학교에 들어가서는 스스로 할 수 있는 것의 범위가 넓어졌다. 실

내화 빨기, 알림장에 있는 준비물 챙기기 등은 스스로 하게 했고, 나는 구입해야 할 품목과 아이가 준비한 것을 확인하는 역할만 했다. 아침에 늦게 일어나더라도 아이를 타박하며 깨우지 않았다. 지각을 하더라도, 숙제를 못 챙겨서 학교에서 혼이 나더라도 옆에서 지켜보며 다음에는 그러지 말라고만 했다. 숙제를 대신 해주는 행동은 절대로 하지 않았다. 학교에서 그림, 표어, 글짓기 등 공모전에 제출된 작품을 보면 〈엄마표〉 작품들이 많다. 미술이나 글에 소질 있는 엄마가 해주면 아이가 상을 타겠지만 결국 아이에게 독이 된다. 그것은 엄마가 아이를 믿지 못한다는 증거다. 아이가 혼자 하도록 곁에서 돕는 안내자가 되어야지 직접 붓을 드는 일은 없어야 한다. 나는 아이가 혼자 할 수 있는데도 안 하려고 할 때는 우선 이유가 무엇인지 살폈다. 그리고 도움을 요청할 때에는 반드시 도왔다.

아이가 혼자 있어야 하는 시간을 놀이 과제처럼 주기도 했다. 〈엄마가 일 있어서 한 시간 정도 나갔다가 올 건데 무엇을 하면서 그 시간을 보낼지 생각해 볼래?〉라고 하면 아이는 퍼즐이나 그림 그리기, 종이접기, 책 보기, 운동 등 그때마다 자기가 좋아하는 것을 선택하고 몰입하는 시간으로 활용했다. 나는 그 시간을 칭찬의 기회로 삼았고, 아이는 시간을 조절하는 법을 배웠다. 주어진 시간에 자신이 선택한 일을 스스로 해내고 그로 인해 칭찬까지 받은 아이는 모든 일에 자신감을 갖게 된다.

자율이 타율보다 강하다

초등학교 6학년 때였다. 짧은 커트 머리였던 지호는 사춘기가 시작되면서 머리를 밝게 염색했다. 그러고는 전학을 했는데 전 학교와 달리 염색한 아이가 한 명도 없었다. 학교에서는 지호를 불량 학생 취급했고, 담임 교사도 머리색을 원래 색으로 바꿨으면 좋겠다고 말했다. 아이는 어떻게 하면 좋을지를 의논해 왔다. 나는 〈염색은 개인의 취향이다. 네가 친구들이나 담임의 압력에도 염색 머리를 유지하고 싶다면 유지해도 좋지만, 바꿔야 한다고 생각하면 바꾸면 되는 것이다. 너의 선택이다〉라고 말했다. 그리고 〈어떤 선택을 하던 그에 따르는 모든 일은 스스로 책임져야 한다〉고 조언했다. 아이는 한동안 노란 머리를 유지하다가 검은 머리가 자라면서 다시 염색해야 하는 번거로움을 발견하고는 다시 전체를 자연색으로 바꾸었다. 자율이 타율보다 강하다. 자율 결정권을 부여하면 상황을 분석하고 판단하며 나은 방향으로 생각하는 훈련을 한다.

주변에 다른 아이들이 〈스스로〉 하는 것을 보면 다 저절로 되는 것처럼 보인다. 하지만 그렇게 되기까지는 직접 해주진 않아도 부모가 지속적인 관심을 가져야 한다. 그렇게 수많은 실험과 반복을 거듭해야만 자율적인 아이가 된다.

내 아이가 시켜야만 하는 아이, 시켜도 안 하는 아이, 알아서 하는 아이 중 어디에 해당하는지 알고 싶으면 평소 혼자 있는 모습을 살펴보면 된다. 〈왜 저 모양일까〉 한탄하거나 불안하다고 무엇이든 떠먹여 주는 행동을 하지 말자. 그러면 받아먹기만 하던 아이가 직접 수저를 들고 밥을 먹

고 알아서 설거지까지 한다.

모두들 물고기를 잡는 방법을 가르치라고 하는데, 우선 물고기를 먹고 싶은 욕망이 있어야 결국 물고기를 먹게 된다. 그런 욕망을 가지려면 스스로 자신의 욕구와 의지대로 판단하고 행동할 수 있도록 자율성을 보장해 주어야 한다.

공부 잘하는 아이로 키우려면, 믿어 주자

우스갯소리로 세상에는 오로지 네 부류의 아이가 존재한다고 한다.

〈공부도 잘하는 아이, 공부만 잘하는 아이, 공부만 못하는 아이, 공부도 못하는 아이.〉 엄마가 원하는 모습은 당연히 〈공부도 잘하는 아이〉일 것이다. 예체능보다 공부를 잘하는 것이 비용이나 시간 면에서 효율적인 것만은 사실이다. 그러나 어느 학교든 〈공부도 잘하는 아이〉는 단 한 명뿐이다. 서열을 중시하는 교육 환경에서는 자신감보다 열등감이라는 상처가 자란다.

아이는 엄마의 믿음으로 산다

공부 못하는 아이는 행복할 수 없는 걸까? 지호보다 6개월 빠른 조카가 있다. 외동아들로 아기 때부터 빨리 걷고 말하는 등 또래들보다 성장

이 월등히 빨랐다. 6개월이 아닌 6년 차이라고 느껴질 정도였다. 한참 말을 배우는 2살 때 〈이게 뭐니?〉 하고 물으면 과일이라는 개념밖에 모르는 또래와 달리 모양과 형태를 보고 정확히 〈단감〉이라고 말할 정도로 관찰력과 기억력이 뛰어났다. 4세 때 디지몬 카드를 이용해 혼자 한글을 뗐고, 한 번 본 공룡 책에서 그 어려운 이름을 막힘없이 술술 이야기했다. 초등학교 1학년 때 『해리포터의 마법사』라는 책을 보고 영어로 된 주인공의 긴 이름을 기억했고, 소설의 줄거리를 막힘없이 이야기했다. 한편 지호는 또래 평범한 아이처럼 발달 단계에 맞게 빠르지도 늦지도 않았다. 그 또래 아이들이 누구나 하는 것을 했고 한글은 7세에 뗐다. 하나뿐인 아이를 잘 키우고 싶었던 나는 영재인 조카를 볼 때마다 내 아이와 비교하며 상처를 받았다.

누구나 타고난 재능이 다르다. 같은 부모 밑에서 컸어도 성적이 다르거나 같은 노력을 했어도 차이가 나는 것은 타고난 재능 때문이다.

아인슈타인Albert Einstein은 〈1퍼센트의 영감과 99퍼센트의 노력이 필요하다〉고 했지만, 결국 1퍼센트의 재능이 필요하다는 말이다. 서구에서는 재능은 하늘에서 내려 주는 선물이며 타고나는 것이므로 그 재능을 사회에 돌려주어야 한다고 생각한다. 저마다 타고난 재능이 있듯 나 역시 언니, 오빠와 다른 재능을 타고났다.

출발선부터 재능이 다른 조카와 지호를 비교한다면 실망감과 열등감만 키우게 될테니 내 아이만의 잘하는 것이 있다고 믿고 타고난 재능을 찾기로 결심했다. 그것이 부모의 역할이다. 그러나 학교는 이러한 개인차를 무시하고 일괄적으로 모든 과목을 잘해야 하는 구조에 아이들을 놓는다. 그렇게 아이들은 공부 때문에 자존심에 상처를 받는다.

하버드 교육대학원 교수 토드 로즈Todd Rose는 〈평균〉이라는 제도로 인해 친구들의 따돌림과 교사의 무시를 당하면서도 자신이 어떻게 교수가 될 수 있었는가를 밝혔다. 그는 『평균이라는 잘못된 믿음The End of Average』에서 이렇게 말했다. 〈대부분의 조종사에게 맞는 조종석을 디자인하기 위해 4천 명 이상의 조종사를 조사하여 10가지 종류의 수치를 측정했다. 조종사 중 몇 명이나 이 10가지 평균 수치에 해당할까? 아무도 없었다. 그로 인해《평균적인 조종사》는 없다는 것이 증명되었다. 학생들 역시 제각기 학습 능력이 다르므로 결국 평균은 모든 사람에게 상처를 줄뿐이다.

그래도 학교는 공부만 잘하는 아이를 원한다. 시험 성적표가 곧 아이의 가치 점수다. 노력과 상관없이 공부 잘하는 아이는 착한 아이가 되고, 노력을 했어도 점수가 낮으면 나쁜 아이가 되어 버린다. 점수가 아이의 행동을 규제하고 자존감을 깎는다. 지호는 사춘기가 되자 뭐든 잘해야 하는 교육 시스템과 하라면 하라는 식의 권위적인 교사, 재밌지 않은 수업이 자신의 현재를 희생시킨다며 학교 생활에 재미를 잃어 갔다. 그 시간을 잠으로 때우거나 친구들과의 놀이로 대신하며 지냈다.

주변에서는 아이를 너무 자유롭게 키워서 이렇게 되었다는 둥 아이에 대한 내 믿음을 흔들었다. 사춘기 아이를 믿기 위해 신을 믿기 시작했다는 친구가 있을 정도로 사춘기는 엄마의 믿음을 시험하는 시기다. 나도 아이가 하고자 하는 것을 바라봐 주고 칭찬과 격려만 하면 사춘기를 잘 넘길 수 있을 것 같았지만, 어릴 때와는 달라져 있었다. 어느 순간 내 아이가 아닌 듯했다. 아이는 같은 반 친구가 별 다른 노력 없이도 높은 성적을 내거나 뛰어난 능력을 보이면 〈세상은 불공평해〉 하며 열등감에 빠져 세상에 반항하곤 했다.

중학교에 들어가자 시험 기간에 공부하기보다는 친구들과 메신저로 대화하며 시간을 보냈다. 학원은 자기 스타일에 안 맞는다고 혼자 EBS 인터넷 강의를 듣겠다더니 집에서 매일 놀았다. 한껏 멋을 부렸고 그런 아이에게 남자 친구의 전화가 오기 시작했다. 이런 아이를 지켜보는 것은 인내를 시험하는 것이었다. 불안한 마음이 커졌지만, 그럴 때마다 아이의 인생은 길며, 지금은 힘겹게 지나야 하는 오르막길의 숨 고르기 시간이라고 생각하며 아이에 대한 믿음을 더욱 굳게 다졌다. 그런 아이를 뒤에서 밀어 주지는 못해도 지켜봐 주는 것이 나의 역할이었다. 아이가 웃을 때 함께 웃어 주는 것은 어떤 엄마라도 할 수 있다. 하지만 전교 꼴찌의 아이를 믿는 것이 어렵듯 아이가 힘들 때, 남들이 다 아니라고 이야기할 때 아이 편에서 아이를 믿기는 쉽지 않다.

영화 「불량소녀, 너를 응원해」는 실화를 바탕으로 한 영화다. 주인공 사야카는 공부를 해본 적 없는 구제 불능 문제아로 낙인 찍혔지만 포기를 모르는 초긍정 선생을 만나 명문대 입학을 꿈꾸었고 마침내 그 꿈을 이루었다. 일명 문제아를 다루는 교사 쓰보타는 동서남북도 모르고 지도도 그릴 줄 모르는 주인공에게 0점을 맞아도 잘했다고 칭찬했고, 〈넌 안 돼!〉라는 말을 하지 않고 무한한 긍정의 힘을 주었다. 또한 사야카의 엄마는 딸을 절대적으로 믿어 주었고 실패해도 괜찮으니 언제든 그만둬도 된다고 다독이며 〈중요한 건 자식이 좋은 대학에 가느냐가 아니라, 마음이 다치지 않는 것이다〉라고 말했다. 나도 사야카의 엄마처럼 매일 아침마다 거울을 보고 흔들리는 마음을 다잡고 철저히 아이의 편에서 아이를 믿어 주기로 했다. 이 시기가 지나면 다시 아이는 자신의 길을 찾아갈 것이라고 믿었다. 문제가 생겼을 때 아이를 믿는 것이 진정한 믿음이다. 엄마의 사랑을 믿는다면 설사 잘못된 길을 가다가도 다시 돌아올 수 있다.

친정어머니는 형제들보다 공부를 못하는 나에게 〈먹을 복도 많고 잘 살 것이다〉라고 늘 말씀하셨다. 엄마의 그 말을 믿었기에 살아가면서 내가 못 살 것이라는 생각을 한 번도 해본 적이 없었다. 당연히 잘 살 것이라는 생각으로 겁 없이 이것저것 도전했다. 실패를 더 나은 길을 위한 작은 걸림돌 정도로 생각했다. 모두 나를 믿지 못하고 저버리는 순간에도 내 곁에서 믿어 준 단 한 사람은 어머니였다.

나도 다른 사람의 말을 섣불리 믿기보다 아이의 말을 먼저 들었다. 아이가 거짓말을 해도 믿어 주었다. 그런 나를 보면서 안심한 아이는 어떠한 상황이라도 거짓말 할 필요를 못 느꼈다. 솔직하게 말해도 믿어 주지 않고 혼낸다면 그다음부터 엄마조차도 믿을 수 없다고 생각하며 말을 하지 않거나 거짓말을 할 것이다. 맹인에게는 맹인견이 꼭 필요하듯 아이에게는 삶에 믿음을 주는 한 사람, 엄마가 필요하다. 사람은 인정받기 위해서 목숨을 내놓는다는 말이 있다. 엄마가 믿어 주었을 때 아이는 그 믿음대로 살아간다.

아이를 가만히 지켜보는 용기가 필요하다

철학자 헨리 데이비드 소로Henry David Thoreau는 〈우리는 서로 간에 무한한 신뢰를 해야 한다〉며 아이의 성장을 원한다면 믿음을 주는 것만큼 좋은 것이 없다고 말한다. 믿음은 누군가의 기를 살려 주는 것이다. 사회심리학자 로버트 로젠탈Robert Rosenthal은 어른의 믿음이 아이들에게 실제로 얼마나 중요한지 실험을 했다. 그는 초등학교 전교생중 무작위로 20퍼센트 정도의 학생을 뽑은 뒤 교사에게 명단을 주면서 지적 능력의 향상 가능성이 높은 아이들이라고 믿게 했다. 8개월 후 이 아이들은 다른 일반 학생들보다 지능과 학교 성적이 크게 향상되었다. 선출된 학생들에 대한 교사의 기대와 믿음 때문이었다. 이러한 효과는 성적이 중간일수록, 나이가 적을수록, 사회·경제적 지위가 낮을수록 높아진다고 한다.

초등학교 시절 내내 중간 정도의 성적을 유지하던 내가 나를 믿는다는 6학년 담임 교사의 한마디에 더 열심히 공부했던 기억이 있다. 변호사 집안에서 변호사가 나오고 의사 집안에서 의사가 나오는 것은 부모의 믿음 때문이다. 부모의 믿음이 있어야 아이들은 자신을 그렇다고 당연히 믿고 능력을 개발시킨다. 자신을 믿는 사람의 마음을 실망시키고 싶지 않은 아이는 스스로 행동하고 성장해 간다. 아이가 실패하지 않을까 불안하고 걱정될 때 아이를 다그치기에 앞서 멀리서 지켜볼 믿음과 용기를 가져야 한다.

지호는 중학교 2학년의 험난한 시기를 보낸 뒤 3학년이 되고서는 더 이상 다른 아이와 자신을 비교하지 않고 불같이 공부했다. 목표했던 것보다 더 좋은 결과를 보고 나서는 더욱 자신을 믿었다. 엄마인 내가 할 일은 아이가 해낼 수 있다는 것을 믿는 것이었다. 재능과 상관없이 무엇이든 노력하면 어제보다 더 나아질 것이라고 믿었다. 어떤 상황에서도 아이를 철저하게 믿어야 가능했다. 그 믿음은 누구나 잘하는 것이 있다는 믿음, 누구나 스스로 성장하고자 하는 욕구가 있다는 믿음이다. 엄마의 믿음은 산산조각 난 아이의 상처를 빛나는 훈장으로 바꿀 수 있다.

스스로 성장하는 아이로 키우려면, 비교하지 말자

정신 건강에 대한 보건 수업을 하면서 부모로부터 가장 듣기 싫은 말이 무엇인지 물었다.

1위는 성적, 외모, 성격, 인성 등 친구들과 자신을 비교하는 말이었다. 〈우리 엄마는 다른 집 애들은 공부도 잘하고 거기에 착하기까지 하다던데 너는 뭐니? 하며 저를 무시해요〉, 〈제가 피아노 배우면 피아노 제일 잘 치는 애랑 비교하고, 수학 학원 다니면 수학 제일 잘하는 애랑 비교해서 학원 가기가 싫어요〉라고 불만을 토로했다. 일명 〈엄친아〉, 〈엄친딸〉과의 경쟁을 부추기는 것이다. 실제로 아이들은 엄마뿐만 아니라 주변 사람들로부터 수시로 비교를 당한다. 지인 한 명은 주변에서 항상 언니만 예쁘다는 말을 들어 외모 콤플렉스가 생겼다고 한다. 미국에서 오래 살다 온 사촌은 잘 모르는 사람까지 자신의 외모에 대해 이러쿵저러쿵 이야기하는 것이 불쾌했다고 한다. 동창회를 갔다 온 남편이 〈누구 부인은 예쁘고 착하고 거기에다 돈도 잘 벌어 오더라〉고 한다면 아마 〈그 집 가서 살아〉라고 한마디

했을 것이다. 비교당해서 기분 좋을 사람은 없다. 아이도 마찬가지다. 비교만큼 사람을 비참하게 하는 것도 없다.

타인과의 비교는 자존심만 키운다

세이노의 『부자아빠 만들기』는 우리가 불행해지는 이유가 바로 비교 심리에 있다고 말한다. 자신의 삶 자체를 행복해하는 것이 아니라 다른 사람과 비교하여 더 낳은 행복을 원하는 것이 〈비교 심리〉다. 적당한 비교는 경쟁심을 일으켜 아이에게 도움이 될 때도 있지만 잘난 아이와 비교를 일삼으면 내 아이가 한없이 부족하고 미워 보인다. 그렇다고 못난 아이와 비교하면 잠깐 안도할 수는 있어도 더 나은 발전을 기대하기 어려우니 역시 불행하다. 혹 형제가 없는 외동아이는 비교 대상이 없어 또래 아이와 비교 경쟁이 효과적일 거라고 생각할 수 있다. 하지만 결국 자존감이 아닌 자존심만 키운다. 〈나는 잘하는 것이 없다. 해도 잘 안 되는데…, 사랑받을 자격도 없어. 실패했어〉 하면서 자신을 부정하는 데 더 많은 에너지를 사용한다.

많은 사람들이 자존심과 자존감을 혼동한다. 그러나 두 단어는 엄밀히 다르다. 자신이 사랑받을 가치가 있는 소중한 존재이고 유능하다고 믿는 마음은 같지만 자존심은 타인과의 경쟁 속에서 얻는 긍정이고, 자존감은 자신의 모습 그대로를 받아들이는 데서 얻는 긍정이다. 자존심은 다른 사람과 경쟁해서 성공했을 때 강해지지만 패배할 경우에는 무너진다. 반면 자존감은 자신에 대한 확고한 확신과 믿음이기에 경쟁에 따라 휘둘리거나 변하지 않는다. 다른 사람들이 나를 존중하고 받아들이길 바라는 감정이 자존심이라면, 나 자신을 사랑하고자 하는 마음이 자존감이다. 즉 자존심은 〈친구가 많고, 운동을 잘하고, 착하고, 공부를 잘하고 잘 생기고 예뻐서〉 등과 같이 또래 아이들과의 비교를 통해서 형성되는데, 자신의 가치가 남에게 달려 있으므로 불안감과 욕구 불만에 쌓여 결국 자신을 믿지 못한다.

형제와 비교당하지 않고 있는 그대로 사랑과 정성을 한 몸에 받는 외동아이는 자존감이 높아, 친구와 비교하지 않고도 자신을 사랑한다는 연구결과가 있다. 내 아이도 그랬다. 고등학교 1학년 때 학교에서 자존감 정도를 측정했는데, 반에서 1등 하는 아이보다 자존감 점수가 더 높게 나와 자존감과 성적이 비례할 거란 생각을 뒤집었다.

부모는 자신의 자존감을 물려준다

자기가 잘하고 있다는 자아 효능감self-efficacy은 능력에 대한 판단이지만 자존감은 자신의 가치를 믿는 마음이다. 심리학자 토니 험프리스Tony Humphreys는 『가족의 심리학Leaving the Nest: What Families are All About』에서 〈부모는 가족의 리더다. 부모 개인의 자존감 수준이 가족 구성원 개개인의 신체적, 심리적, 사회적 행복 수준을 결정짓는다. 자존감이 중간 이하로 낮은 부모들은 아이들에게도 비슷한 수준의 자존감을 물려준다〉고 말했다.

〈부모의 피드백이 아이를 결정하는 가장 큰 변수〉라고 말할 정도로 부모의 생각과 언어는 중요하다. 그 시작은 긍정적인 태도다. 아이의 말과 행동 하나하나에 촉각을 세우고 문제점을 지적하면 아이는 자존감을 잃는다. 부정적인 태도를 버리고 긍정적, 수용적으로 대해야 아이의 자존감이 단단해진다.

자존감은 부모뿐만 아니라 주변의 영향도 많이 받는다. 보통 2~7세 사이에 엄마가 아이를 어떠한 태도로 키웠는가에 달려 있는데, 어느 누구와도 비교하지 않는 유아기에 가장 높고 초등학생이 되면서 점점 떨어지다가 중학교에 들어갈 때쯤 가장 낮아진다. 이는 부모뿐만 아니라 주변에 의해서도 지속적으로 또래 아이와 비교당하기 때문이다. 기억해 보면 초등 저학년 때는 수업 시간에 서로들 발표하겠다고 나서지만 고학년으로 올라갈수록 공부를 잘하고 인정받는 아이들이 주로 발표를 한다. 그런 사실만으로도 아이들이 스스로 열등감을 느낀다는 것을 알 수 있다.

아이를 있는 그대로 사랑하자

심리학자 조엘, 수전Joel & soojin은 다음의 세 가지 질문을 통해 인간은 자신의 존재를 확인하고 자존감을 형성한다고 밝혔다. 첫 번째 질문은 〈나는 이 세상에서 어떤 가치를 지닌 존재인가?〉다. 이 질문은 자신의 정체성을 알아 가는 과정에 필요한 질문이다. 아이는 엄마로부터 아무 조건 없이 사랑받을 만한 존재라고 느낄 때 긍정적인 사고를 한다. 내 친구 J는 어릴 때 시험에서 만점을 받거나 뭔가를 잘해야만 인정을 해주고 그렇지 않을 때는 외면하는 엄마를 보면서 항상 힘들어 했다. 성적이 좋아도 늘

잘해야 한다는 강박을 가졌으며 실패하면 사랑받지 못한다는 생각 때문에 자신보다는 부모나 남자 친구, 직장 동료에게 맞추며 살다보니 자존감을 가질 수 없었다고 한다. 부족한 것이 많아도 무조건 받아들이고 이해하는 엄마가 있을 때 아이는 세상에 나가서 누구와 비교하지 않고 자신의 가치를 인정하며 당당해진다.

두 번째 질문은 〈나는 얼마나 능력이 있는가?〉다. 인간은 스스로가 유능한 존재 또는 유능할 수 있는 존재임을 알아야 한다. 지호는 체육대회 때 댄스 경연에 나갔다가 뻣뻣한 몸 때문에 스트레스를 받았다. 나는 아무리 재능이 있어도 자기가 좋아하고 마지막까지 끈질기게 반복과 연습을 해야 성공하는 것이라며 뭐든지 잘할 필요는 없다고 말했다. 한 가지라도 뛰어나게 잘하는 게 있으면 아이는 자신감을 가질 수 있다.

세 번째 질문은 〈나는 어떤 모습인가?〉다. 자신의 신체를 긍정적적으로 받아들여야 한다. 외모 또한 자존감에 큰 영향을 미친다. 〈동안 열풍〉, 〈남자도 화장하는 시대〉 등의 키워드는 요즘 사람들이 자신의 가치를 증명하기 위해 얼마나 외모에 신경 쓰는지를 반영한다. 살찌는 것이 두려워 먹고 토하기를 반복하면서까지 다이어트를 하는 아이들도 있다. 지호가 중학교 때 50~60만 원대의 겨울 외투가 유행했다. 그 외투가 없으면 왕따가 된다고 말할 정도로 중학생들 사이에 선풍적인 패션 아이콘이었다. 마침 초등학교 졸업할 때 사준 외투가 낡아서 큰마음 먹고 사준다고 했다. 그런데 아이는 〈누구나 다 입는 그런 거 싫어. 내가 좋아하는 스타일도 아니야〉라고 말하며 초등학교 졸업식 때 사주었던 패딩 점퍼를 계속 입고 다녔다. 아이들은 외모로 인정받고 싶어하는 욕구가 있다. 자존감이 낮으면 몸무게가 정상임에도 더 날씬한 사람과 비교하며 자신을 부정한다. 특히 부모와의 시간이 많은 외동아이는 부모의 가치 평가에 많은 영향을 받는다. 나는 아이에게 항상 밝고 자신의 장점을 극대화시키는 긍정적인 사람이 정말 예쁜 사람이라고 이야기했다. 정말로 똑똑해야 똑똑해 보이듯이, 자신의 매력을 알아챌 때 사람은 빛난다.

위의 세 가지 질문에 긍정적인 답을 내놓기까지 부모의 역할이 중요하다. 아이는 세상에서 단 하나뿐인 사랑하는 엄마의 몸을 빌어 태어난 소중한 존재이고, 그것만으로도 가치가 있다. 어떤 능력이 있든, 어떤 모습이든 있는 그대로 받아들이고, 장점을 찾아 그 가치를 인정해 준다면 아이는 그 가치를 믿고 자존감 높은 사람으로 성장한다.

예절 바른 아이로 키우려면, 먼저 예절을 지키자

교통 신호가 없는 거리는 어떨까? 먼저 가겠다는 차들로 붐벼 정작 아무도 지나갈 수 없는 불편한 거리가 될 것이다.

다른 사람을 배려하지 않고, 자신이 원하는 대로만 산다면 무질서하고 불안한 사회가 된다. 이를 방지하기 위해 우리는 지켜야 할 신호 약속을 정하고 따른다. 그 약속은 강제성을 띠는 법이기도 하고, 양심의 가책을 느끼게 하는 도덕이기도 하며, 원만한 인간관계를 위한 예절이기도 하다. 그중 예절은 처벌이 따르는 강제성은 없지만 사람 간의 관계를 유지하는 사회적 약속이다.

지켜야 할 이유를 알려 주라

공자는 『논어』에서 〈자기가 바라지 않는 바를 남에게 베풀지 말라〉고 했다. 예절은 상대의 입장에서 생각하고 존중하고 배려하는 마음을 적절한 형식을 갖추어 표현한 것이다. 예절의 대모이자 미국의 작가인 에밀리 포스트Emily Post는 〈예절에는 수많은 법칙이 있지만, 근본정신은 이 세상을 좀 더 기분 좋은 곳으로 만드는 점〉이라고 말했다. 예절은 인사하기, 올바르게 식사하기 등 개인 생활과 관련된 것뿐만 아니라 공공장소에서의 차례 지키기, 조용히 하기 등 공동체 생활과도 관련이 있다. 그러기에 예절 바른 아이를 보면 사람들은 흐뭇하고 기분이 좋아진다. 타인을 배려하고 존중하는 법을 아는 예절바른 아이는 주변 사람이나 친구와의 관계도 좋다.

그러나 우리는 예의나 다른 사람을 배려하는 것에 신경 쓰기보다 〈나〉를 강조한다. 아이가 등교할 때 부모가 이르는 말로 각 나라의 교육 태도를 엿볼 수 있다. 미국 부모는 아이에게 〈양보하는 사람이 되라〉고 하고 영국 부모는 〈신사다운 행동을 하라〉고 말한다. 독일 부모는 〈질서를 잘 지켜라〉, 일본 부모는 〈예절 바른 행동을 하라〉고 말한다. 우리나라 부모는 어떤 말을 할까? 아마도 가장 많이 하는 말은 〈선생님 말씀 잘 들어라〉와 〈차 조심해라〉일 것이다. 나라마다 다르지만 각 나라의 공통점은 다른 사람과 어떻게 잘 어울려 살아야 하는지를 강조한다. 반면 우리나라는 아이의 공부와 안전을 강조한다. 내 자식만 소중한 교육 문화는 자신의 욕구가 최우선인 아이를 만든다.

자신이 먼저인 아이는 동생이나 친구를 놀리고 욕을 하며 상대를 소중하게 대하지 않는다. 사람뿐만 아니라 함께 쓰는 물건도 소중히 다루지 않고 허락 없이 남의 물건이나 몸에 손을 댄다. 약속도 없이 아무 때나 친구 집에 놀러 가거나 공중목욕탕에서 물장난을 치고 논다. 집에서는 늦은 밤까지 웃고 떠들고 뛰어다닌다. 놀이터에서는 차례를 지키지 않고 놀이 기구를 독차지하고 엘리베이터에서는 층수 버튼을 이것저것 누른다. 지하철에서 사람들이 내리기도 전에 먼저 들어가 자리를 잡고 식당에서 소리 지르며 테이블 사이를 왔다 갔다 하면서 위험한 장난을 치고 서점에서 시끄럽게 떠들며 친구들과 놀이터에서처럼 논다.

예의 없는 행동은 자신의 행동이 다른 사람에게 어떤 기분을 가져다줄지 생각하지 못하기 때문이다. 배려 없는 사소한 습관은 누군가를 불편하게 한다. 아이가 나쁜 버릇을 가졌다면 가볍게 넘기지 말고 바로잡아 주어야 한다. 남을 배려하지 못하는 사람이 되면 훗날 사회생활에 문제가 생길 가능성이 크다. 사랑스럽고 소중하다고 옳지 않은 행동을 규제하지 않으면 평상시 다른 사람을 왜 배려해야 하는지, 왜 나눠야 하는지, 왜 차례를 기다려야 하는지, 왜 미안하다고 말해야 하는지, 왜 공공장소에서는 뛰지 말아야 하는지 등을 이해하지 못한다.

과잉 칭찬에 익숙해 자신이 특별하다고 생각하는 아이는 예의 바르게 행동할 이유를 찾지 못한다. 원하는 것을 얻기 위해서는 기다릴 수도 있다는 것을 모른다. 이런 아이들은 남을 얕잡아 보는 경향이 있어 친구와 갈등을 일으키고 결국 학교생활에도 적응하기 어렵다. 가끔 공공장소에서 이러한 행동을 보이는 아이를 나무라면 〈아직 어려서 그럴 수도 있지〉, 〈엄마인 나도 혼낸 적이 없는데 무슨 자격으로 아이 기를 죽이고 간섭하는가〉라며 자기 아이 밖에 모르는 예의 없는 엄마들도 있다.

예의의 시작은 〈죄송합니다〉, 〈고맙습니다〉

다른 사람에게 피해를 주는 예의 없는 아이는 결국 사람들과 잘 어울리지 못한다. 자유롭게 키우는 것과 자기중심적이고 예의 없이 키우는 것은 다르다. 자유에는 책임이 따르지만 기를 살려 준다며 무엇이든 허용하는 것에는 책임이 없기 때문이다. 기가 죽는 것은 부모의 지나친 간섭이나 통제에 짓눌리고 주변 사람들로부터 인정받지 못해 생기는 것이므로, 하고 싶은 대로 하게 해준다고 살아나는 것이 아니다.

〈안녕하세요〉라는 인사말은 밤사이 무탈하게 잘 지냈는지 진심으로 묻는 것이었다. 서로 존중하는 마음은 말 한마디, 행동 하나에서 시작된다. 지하철이나 공원 등 사람이 많은 공공장소에서 〈먼저 지나가겠습니다〉, 〈실례합니다〉라는 한마디가 바로 예의의 시작이다. 이재규는 『청소년을 위한 피터 드러커』에서 〈움직이는 두 물체가 서로 부딪히면 마찰이 생기는 것은 자연 법칙이다. 두 사람이 만나면 늘 갈등이 일어나게 마련이다. 그러므로 서로 좋아하든 싫어하든, 예의는 서로 부딪히는 두 인간이 함께 일하도록 해주는 윤활유와 같다. 《죄송합니다》, 《고맙습니다》라고 인사하기, 상대방의 생일이나 이름 기억하기, 가족에 대한 안부 전하기 등 작고 간단한 일이 모두 예의이다〉라고 말했다.

미국 컬럼비아 대학교 MBA 과정에서 기업 CEO를 대상으로 〈당신의 성공에 가장 큰 영향을 준 요인은 무엇인가?〉라는 질문을 했다. 〈대인 관계의 몸가짐〉이라는 대답이 93퍼센트를 차지했다. 배려가 없는 행동은 상대방에게 불쾌감을 줄 뿐만 아니라 갈등의 씨앗이 된다. 입시나 채용 과정에서도 인성과 관련된 면접을 실시한다. 이때 주로 〈남〉과 문제없이 잘 어울릴 수 있는지를 보는데 특히 〈다른 사람을 존중하는 예의〉를 강조한다. 갈등 상황에서 다른 사람들과 어떻게 문제를 해결하고 배려하는지 알아보는 것이다.

예의 바른 사람은 타인의 생각과 감정을 헤아리고 배려한다. 그러한 예의는 상대에게 호감을 준다. 존스홉킨스병원 창립자인 하워드 켈리Howard A. Kelly는 〈예절은 타인에게 폐를 끼치지 않는 마음, 호감을 주는 마음, 타인을 존경하는 마음 즉 타인에 대한 배려이다. 상호 간에 공감을 구축해 나가기 위해서는 지키고 존중해야 할 것이 있다〉라며 예절의 중요성을 강조했다.

예의를 배우는 최고의 방법은 모방

외동아이에게 예절은 세상과 연결되는 끈이기에, 엄마가 된 뒤부터는 아이가 나를 바라보고 자란다는 생각으로 더욱 바른 사람이 되려고 노력했다. 우선 아이에게 되는 것과 안 되는 것의 정확한 범위를 규정해 주었다. 그 기준은 다른 사람에게 피해를 주느냐의 여부였다. 그래서 항상 〈입장 바꿔 보기〉를 했다. 예의라는 것은 아랫사람이 윗사람에게만 행하는 것이 아니다. 〈어른은 되고, 아이는 안 된다〉는 사고방식은 틀린 것이며 아이를 납득시키기 어렵다. 예의는 상대를 존중하는 마음에서 나오는 것이므로 먼저 아이를 인격체로 존중했다. 아이가 예의가 없다면 그것은 나의 모습을 한 번 살펴봐야 한다는 뜻이다. 〈태도는 가르치는 것이 아니라 저절로 몸에 배는 것이다〉라는 말이 있다. 예의를 배우는 최고의 방법은 다른 사람을 따라하는 것이다. 따라서 부모는 직접 보여 주면서 가르쳐야 한다. 아이는 부모의 거울이다. 〈아직 어려서〉, 〈잘 몰라서〉 등의 이유로 그냥 넘어갈수록 또래 아이들에게 배척당하기 쉽다. 아이들은 놀이에 피해 주는 아이를 싫어한다.

〈어른을 만나면 인사해라!〉라고 가르쳐도 잘 지켜지지 않을 경우 그 원인이 무엇인지 생각해야 한다. 부끄러움이 많고 내성적인 지호는 엘리베이터에서 이웃을 만날 때 내가 먼저 인사를 해도 옆에서 가만히 있기만 했다. 〈너도 인사해야지〉 하는 말이 입에서 맴돌았다. 지호는 부끄러움이 많았을 뿐인데 예의 없는 아이로 오해받았다. 무조건 야단치지 말고 수줍음이 많은 건 아닌지, 한 가지 일에 집중하면 다른 것에 신경 쓰지 못하는 건 아닌지 등 아이의 성격을 보고 판단해야 한다.

또한 엄마나 아빠 중에 무서운 역할을 하는 사람이 한 명은 있어야 한다. 엄마 아빠 모두 관대하면 아이가 예의를 모르고 버릇없이 자라기 쉽고, 반대로 부모가 모두 무서우면 형제도 없는 아이는 의지할 곳을 잃는다. 아이를 혼내도 부모 중 한 명은 자기 편임을 알게 해 안정감을 주어야 한다. 남편은 내게 〈아이와 긴 시간을 함께할 수 없으니 본인이 아이 편이 되어 이해하고 예뻐할 테니 훈육을 부탁한다〉고 했다. 우리는 그 원칙을 지켰다.

도덕적인 아이로 키우려면,
일관성을 지키자

고3 수험생이 기말고사 시험지를 훔친 사건이나 미국 수학능력시험지가 유출되는 사고 등 학생들의 부정행위가 뉴스에 종종 등장한다.

좋은 대학에 들어가기 위한 위험한 행동은 갈수록 교묘해지고 심각해진다. 가볍게는 커닝부터 에세이는 물론 자기소개서까지 대행 업체에 의뢰한다. 대학에 들어가기만 하면 된다는 생각에 봉사 경력도 조작한다. 분명히 도덕적으로 옳지 않은 행동임을 알면서도 작은 커닝이나 숙제 베끼기는 어느 정도 용납되는 것으로 여겨 사람들 눈에 띄지만 않으면 된다는 식으로 가볍게 생각한다. 이런 죄의식 없는 작은 행동이 커지면 사회적으로 물의를 일으키는 범죄가 된다. 어떻게 해서라도 이루려는 〈성공〉 앞에 도덕이나 윤리가 무너진 것이다.

스스로 생각하는 도덕성이 필요

도덕성은 공동생활에 필요한 가치로 선악, 정의, 불의 등 옳고 그름을 판단하는 기준이다. 현대에 들어서는 그 의미가 광범위해져 남의 입장을 공감하고 배려하며 자신의 욕구나 감정을 조절하고 참는 것까지 포함한다. 즉 도덕성은 인간관계에 필요한 모든 가치이다. 교육 심리학자 로런스 콜버그Lawrence Kohlberg는 인간의 도덕성은 6단계의 행동을 통해 발전한다고 했다.

1단계는 처벌을 회피하기 위한 행동이다. 아이는 엄마에게 혼나지 않기 위해 집 안에서 뛰지 않는다. 2단계는 보상이나 칭찬을 위한 행동이다. 아이는 엄마가 과자를 주거나 만화 영화를 틀어 줄 거라는 기대를 가지고 뛰지 않는다. 3단계는 착한 아이를 지향하며 부모님께 잘 보이기 위한 행동이다. 아이는 엄마가 착하다고 칭찬해 주길 바라고 뛰지 않는다. 1~3단계는 10세 이전 아이에게 해당된다.

4단계는 규칙에 따른 행동이다. 아이는 집 안에서는 뛰면 안 된다는 것을 정해진 규칙으로 인지하고 이를 따른다. 5단계는 배려와 존중을 위한 행동이다. 만약 자기가 뛴다면 아랫집이 불편을 겪게 될 것이라고 생각해 뛰지 않는다. 마지막 6단계는 양심에 따른 행동이다. 인간을 존중하고 스스로 정한 도덕적 기준을 지키는 단계로, 아이는 남이 보지는 않지만 스스로 마음이 불편해져 도덕적 기준에 따라 행동한다. 4~6단계는 자신의 내면에서 판단하고 결정하는 자율적인 도덕성과 연결된다. 물론 1~3단계 정도로 도덕성을 지키는 것도 좋지만, 이 단계는 도덕성의 기준이 주

변 사람에게 있다. 즉, 부모의 판단이 아이의 도덕적 기준이 되는 것이다. 진정한 도덕성은 4단계 이후의 것으로 규칙, 배려, 양심 등 자신의 내면의 소리에 귀 기울이면서 만들어 나가는 것이다.

살다 보면 누구나 시험에 든다. 돈을 주웠을 때나 거스름돈을 더 받았을 때가 종종 있을 것이다. 이때 귀찮다고 주머니에 넣으면 결국 불편한 마음이 지속된다. 그것이 양심이다. 어리다고 또는 어른이라고 다른 단계의 도덕성을 저절로 갖는 것은 아니다. 대학 친구들 모임에 갔을 때의 일이다. 중학생을 둔 엄마들이 많아 대화의 주제는 아이들이 받아야 할 봉사 점수였다. 그중 요양원을 운영하는 친구가 선뜻 봉사 점수를 받을 수 있는 확인서를 만들어 주겠다고 했다. 아이들이 공부할 시간을 벌어 주고 싶었던 친구들은 공짜로 봉사 점수를 받을 수 있다는 것에 기뻐했다.

〈지호 것도〉 하면서 부탁하는 순간 마음이 가볍지는 않았으나 범죄도 아니고 남들도 하니 괜찮을 거라고 생각했다. 서류 한 장이 지호의 수고를 덜어 준다고 생각하며 스스로 합리화를 했다. 이렇게 받은 확인서를 아이에게 전하니 뜻밖의 반응이 나왔다. 〈내가 하지도 않았는데 이런 확인서 필요 없어. 봉사활동 못해 채우지 못한 나머지 점수는 학교에서 우유 상자 나르고, 칠판 정리하는 도움 활동으로 받으면 돼. 엄마는 내 점수 걱정 안 해도 돼.〉 너무 부끄러워서 얼굴이 벌겋게 달아올랐다. 다른 사람이 칭찬해 주지 않아도 뿌듯함과 보람을 느낄 수 있듯, 잘못 행동했을 때 보는 사람이 없어도 스스로 부끄럽고 마음이 무거워질 때가 있다. 그 부끄러움은 양심이다.

성적보다 도덕성이 중요한 이유

사회 심리학의 개척자 솔로몬 애시Solomon Asch는 도덕성이 미치는 영향을 알아보고자 집단 압력에 관한 몰래 카메라 실험을 했다. A라는 막대그래프와 서로 다른 세 개의 막대그래프를 보여 주고, A와 동일한 크기를 세 막대그래프에서 고르게 하는 간단한 실험이었다. 1명의 일반인과 7명의 실험맨이 문제를 풀었다. 실험맨 모두가 엉뚱한 대답을 하자 나머지 한 명도 그들과 동일한 대답을 했다. 한 개인의 사고가 집단의 힘에 쉽게 지배되는 현상을 보여 주는 실험이었다. 이런 심리를 반영한 〈모두가 YES라고 할 때 아니라고 할 수 있는 친구, 그 친구가 좋다. YES도 NO도 소신 있게〉라는 광고 카피가 기억에 남는다.

그림 문자를 사용했던 인디언들은 양심을 △(삼각형)과 ○(원형)으로 표현했다. 그들은 누구나 마음속에 삼각형의 양심을 갖고 태어난다고 믿었다. 인디언들은 나쁜 생각, 거짓말, 범죄 등 부끄러운 일을 할 때마다 가슴이 떨리고 아픈 것은 회전하는 삼각형의 양심 모서리에 찔려서라고 말한다. 그런데 수없이 나쁜 일을 하다 보면 뾰족한 모서리가 모두 닳아 둥글한 원이 되는데 이때는 아무리 부끄러운 일을 해도 수치심이나 거리낌을 느끼지 못하고 자신의 잘못을 뉘우치기보다 뻔뻔해진다는 것이다. 아주 사소한 것이라도 잘못된 일을 할 때 창피함과 부끄러움을 아는 것은 양심이 살아 있다는 것이다. 범죄는 사소하지만 올바르지 않은 일을 몰래 하는 것에서 시작된다고 심리학자들은 말한다.

요즘 세상에는 아이에게 무작정 정직하고 양심적으로 살라고 말하기

힘들다. 그러나 많은 연구 결과가 보여 주듯 당장 눈앞에 이익이 없어도 양심적으로 사는 사람들이 결국 성공한다. 하버드 대학교의 로버트 콜스Robert Coles 교수는 미래 사회에서는 IQ(인지 지능)가 아닌 MQ(도덕 지능)가 높은 아이가 성공한다고 했다. 지난 60년간 하버드 대학교 졸업생들을 대상으로 한 조사에서 학교 성적과 성공은 아무런 상관관계가 없다는 연구 결과도 그 주장을 뒷받침한다. 도덕성과 관련하여 많은 연구를 해 온 미국 애리조나 주립대학교 심리학자 낸시 아이젠버그Nancy Eisenberg는 유치원 과정에서 끝까지 눈을 감고 퍼즐을 맞추었던 도덕성 지수가 높은 아이들이 학교에 더 잘 적응하고 친구와의 관계도 더 원만했다고 한다. 자기를 조절하고 규칙을 준수하는 아이들은 그렇지 않은 아이들보다 더 뛰어난 학업 수행 능력을 보였다. 또한 좌절 극복 점수도 높았다. 「EBS 다큐 프라임」에서 도덕성 지수가 다른 두 그룹의 아이들을 대상으로 타인을 배려하는 행동과의 관련성을 실험했다. 실험 결과 도덕성 지수가 높은 아이들은 집중력 저하, 친구 관계 문제, 과잉 행동, 공격성, 왕따 가해 경험, 왕따 피해 경험의 수치가 반대의 그룹보다 낮았다. 또한 좌절 극복, 자아 탄력성, 자기 절제력 등에서 우수한 결과를 나타냈다. 도덕성은 아이가 행복한 삶, 성공한 삶을 사는 데 꼭 필요한 요소다.

강압적 훈육은 도덕성을 방해

3세 이전의 아이들은 주변의 모든 것을 〈내 것〉이라고 이야기한다. 규칙을 이해하지 못하고 뻔한 거짓말도 서슴없이 하는 등 자기중심적 성향이 강하다. 이때 잘못된 행동을 지적하고 혼을 내면 잘 이해하지 못하므로 직접 행동으로 보여 주며 옳고 그름을 판단하게 하는 게 좋다. 엄마의 말을 대부분 이해하는 시기이므로 다른 사람에게 피해를 주거나 공중도덕에 어긋나는 행동을 할 때는 엄격하게 제지해야 한다. 유치원 때는 도덕성의 뿌리를 키우는 시기다. 이때 외동아이라는 것을 의식해 오히려 더 엄격하게 가르치는 경우가 많다. 이 시기에 도덕성을 키운다고 벌을 주거나 규칙을 강요하는 것은 오히려 역효과를 부른다.

아이를 혼내는 것이 잘 가르치는 것이라고 생각하는 부모들이 많다. 남들의 욕구를 존중해야 하고 다른 사람들에게 칭찬받는 착한 아이가 되어야 한다고 엄격하게 훈육한다. 그러나 강압적인 훈육은 아이가 스스로 옳고 그름을 판단하거나 도덕성을 두고 갈등할 기회를 빼앗는다. 자신의 내면이 아닌 엄격한 부모의 기준에 맞춰 생각할 힘을 잃기 때문이다. 규범을 지키는 아이로 성장하기보다 혼이 나지 않으려고 눈치 보는 아이, 보상이나 인정을 받기 위해 거짓말하는 아이로 자라기 쉽다. 다른 사람이 볼 때는 규범을 지켜도, 아무도 보지 않는 곳에서는 자기 마음대로 법과 규칙을 어기는 것이 자연스러워진다.

가끔 대중교통이나 공공시설에서 요금 할인을 더 받으려고 〈얘 아직 다섯 살이에요!〉 하며 아이의 나이를 속이는 엄마들이 있다. 정직하라고 가르치던 엄마가 거리낌 없이 거짓말을 하는 것이다. 자녀 앞에서는 아무렇게 행동해도 된다고 생각하기 쉽지만, 아이는 그런 엄마를 믿지 못한다.

아이가 거짓말을 자주 한다면 결과만 두고 꾸중하기보다 아이가 왜 그

랬는지 원인을 파악하는 것이 먼저다. 꾸준한 대화를 통해 아이의 욕구를 들어 주는 방안을 제시하여 굳이 양심을 속이면서 원하는 것을 얻는 행동을 하지 않도록 해야 한다. 충분한 사랑을 받은 아이는 부모의 권위나 힘으로 행동하기보다는 자신의 내면적 가치인 양심에 따라 행동한다. 자신을 속여 가면서 남에게 잘 보일 필요가 없기 때문이다. 아이 모습을 있는 그대로 인정하고 사랑하면 아이는 거짓말을 할 필요가 없다.

아메리칸 인디언의 양심을 가리키는 문자를 보면서 내 가슴속엔 어떤 모양이 돌아가고 있는지 반성해 본다. 나는 도덕적으로 살아 왔나? 과연 내가 아이에게 양심을 가르칠 수 있을까? 부모의 가치관과 행동은 아이에게 중요한 도덕적 기준이 된다. 아이의 도덕성을 키워 주려면 내가 먼저 무뎌진 내 양심을 삼각형으로 돌이키도록 도덕적 민감성을 키워야 한다.

잘 노는 아이로 키우려면, 아이와 즐기자

> 벽에 크리켓 유니폼이 걸려 있고, 테이블 위에는 점괘를 봐 준다는 푯말이 있다.

당구대, 비디오 게임기와 고성능 컴퓨터가 놓여 있는 놀이터 같은 이곳은 과연 어디일까? 구글Google 사무실의 풍경이다. <먼저 놀아라, 그리고 일하라.> 이것이 구글의 방침이다. 구글은 직원들이 재미와 놀이를 즐기고 걱정 없이 창조에 몰입할 환경을 제공한다.

일상적인 놀이에서 창조적 발견을 한 과학자들이 있다. 천재 물리학자 리처드 파인만Richard Feynman은 누군가가 장난으로 던져 올린 막대 위의 흔들리는 접시를 보고 흥미를 느꼈다. 돌아가는 접시를 보고 또 보면서 접시의 흔들림에 대한 방정식을 만들었고 이를 발전시켜 전자 궤도를 발견했다.

곰팡이 생물학자 알렉산더 플레밍Alexander Fleming은 박테리아와 노는 것을 좋아했다. 여러 가지 박테리아를 섞어 반응을 지켜보며 놀던 중 새로

운 색의 곰팡이를 발견했다. 그것이 최초의 항생 물질인 페니실린이었다. 이렇듯 놀이도 창조적인 작업이 된다. 구글에서 직원들에게 놀이를 하게 하는 이유가 여기 있다.

행동 전문가 스튜어트 브라운Stuart Brown은 〈놀이는 인간의 강력한 원초적 본능이며, 놀이의 반대는 일이 아니라 우울증〉이라고 말했다. 〈하는 일을 즐기지 못하고 놀이할 시간을 갖지 못하면, 자기 분야에서 높은 수준까지 오를 수 없다〉며 놀이의 중요성을 강조했다. 네덜란드의 문화 사학자 요한 하위징아Johan Huizinga는 인간의 특징이 놀이에 있다고 말한다. 그는 〈호모 루덴스Homo Ludens〉라는 말을 만들어 인간을 놀이를 즐기는 존재라고 정의하고, 인간의 문화가 놀이에서 나온 것이며 인간이 인간다운 것은 놀이를 하기 때문이라고 주장했다. 소설가 마크 트웨인Mark Twain은 〈성공의 비결은 일을 놀이로 만드는 것이다〉라고 했다. 행복한 삶은 재미와 의미 있는 놀이를 통해서 가능하다.

보고, 듣고, 만지는 모든 것이 놀이다

놀이의 가치는 많은 연구 결과에서 입증되었다. 미국 최고의 항공 우주 연구 시설인 제트 추진 연구소Jet Propulsion Laboratory(JPL)는 어린 시절 손을 많이 움직이며 놀았던 사람들이 문제 해결 능력이 뛰어나다는 사실을 알았다. 그래서 그들은 채용 면접 때 어린 시절 관심사가 무엇이었는지, 어떠한 놀이를 즐겼는지를 묻는다. 실제로 보고, 듣고, 만지고, 상상하는 모든 것이 놀이가 된다. 놀이 전문가들은 놀이를 통해 뇌가 발달한다고 말한다. 놀 때 환희에 찬 아이의 표정만을 보더라도 알 수 있는데, 놀이를 통해 인간은 원하는 것을 이루려는 의욕, 욕망, 지구력, 정열, 굳은 의지 같은 에너지를 발산한다. 뇌는 다양한 자극을 좋아해서 새로운 경험을 통한 즐거움을 찾기 위해 끊임없이 발달한다. 흥미와 호기심을 갖고 몰입하면 짜릿한 즐거움을 주는 호르몬인 도파민이 생성되어 더욱 즐거워진다. 잘 노는 것은 아이의 뇌 발달에 좋은 영향을 주며, 사회적 능력으로까지 연결되어 대인 관계뿐만 아니라 자신을 사랑할 긍정의 에너지를 만든다. 놀이는 보상을 바라거나 다른 사람에게 의존하지 않고 어떤 목적도 없는 자발적인 행위인데, 이를 통해 자율성, 독립심, 자립심이 자란다. 놀이는 신체 발달, 사회성, 인지 능력 등 성장에 필요한 모든 것들을 동시에 발달시킨다.

외동아이와의 놀이는 아주 간단하다. 자신이 하고 싶은 것에 의미를 부여하면 그것이 놀이가 되고 즐거움이 된다. 어떤 사람에게는 지긋지긋한 수학이지만 어떤 사람에게는 호기심을 부르는 놀이다. 내 물건을 사러 쇼핑을 하면 온종일 돌아다녀도 안 힘들지만, 다른 사람을 따라가면 시간이 잘 안 가고 쉬이 피곤해졌던 경험이 있을 것이다. 마찬가지로 아이와 놀아 준다고 생각하면 엄마는 지겹기만 하다. 육아가 힘든 것은 의무감을 가질 때다. 발명왕 에디슨은 〈나는 단 하루도 노동해 본 적이 없다. 왜냐하면 무슨 일을 해도 항상 즐겁기 때문이다〉라고 말했다. 에디슨이야 말로 호기심 왕이었다. 그랬기에 늘 즐기면서 1천500건에 달하는 세계적인 발명품들을 선보일 수 있었다.

아이와 함께 있는 시간을 즐겨야 아이에게도 놀이가 된다. 함께 놀아

줘야 한다는 생각을 버리고 아이가 이끄는 대로 그 시간을 즐겨야 한다. 나는 집안일 할 때도, 누군가를 도울 때도 놀이라고 생각했다. 아이와 함께 설거지 함께하기, 수제비 반죽 놀이하기, 이불 놀이, 청소 놀이, 이 닦기 놀이 등 일상생활을 놀이처럼 즐기는 습관을 잡아 갔다. 아이가 좀 더 커서는 다양한 스포츠 활동과 책, 영화, 여행을 통해서 함께 놀이를 즐겼다.

외동아이는 주변 어른들에 둘러싸여 어른의 세계가 전부인 줄 안다. 어른의 세계와 아이의 세계는 다르다. 그걸 알려 주기 위해 바깥에서 다른 아이들과 많이 어울리게 했다. 놀이터에 자주 갔고 다른 아이들과 내 아이를 똑같이 대했다. 엄마인 내가 먼저 또래 아이들에게 말을 걸고 자연스럽게 어울리자 내성적인 지호도 차츰 먼저 손을 내밀었다.

또한 외동아이라 경쟁심이 부족하지 않을까 걱정해 적당히 긴장감과 승부욕을 느낄 수 있도록 〈내기 놀이〉를 자주 했다. 규칙이 있는 배틀 놀이를 통해서 과자나 아이스크림을 걸었다. 가위바위보, 끝말잇기, 삼육구 등 언어를 이용한 놀이, 배드민턴, 줄넘기 등 도구를 이용한 신체 놀이 등을 했다. 용돈이 모자라 아이스크림 내기에서 반드시 이기고 싶어 애쓰는 아이의 순진함에 마냥 웃음이 나왔다. 가끔은 아이가 좋아하는 요리를 위해 〈콩 까기〉 내기를 하기도 했다. 아이는 처음에는 서툴더니 빨라지는 나의 손을 보고 덜컥 내기에 질까 봐 겁이 났던지 정신없이 콩을 깠다. 까맣게 얼룩진 서로의 손과 얼굴을 보고 배꼽을 잡기도 했다. 게임이지만 힘들어도 엄마를 위해 버티어 주고 참아 주는 모습이 사랑스러웠다. 그날은 아이와 함께 깐 콩으로 콩비지 찌개를 해주었다.

놀이에도 규칙이 필요하다

첫 번째로 내가 아닌 아이의 수준에 맞는 놀이를 해야 한다. 나는 아이의 시선과 수준으로 호기심을 품으며 함께 즐겼다. 때론 〈이런 것도 있었네〉 하며 아이보다 더 즐겼다.

두 번째로 형제가 없어 경쟁심이 부족하기 쉬운 아이에게 무엇이든 한 단계 더 높은 도전을 하도록 동기를 부여하고 자극을 주었다.

세 번째로 아이와 놀 때는 아이 주도적인지 엄마 주도적인지 늘 염두에 두었다. 하나뿐인 아이를 잘 가르치고 싶어 특정 장난감을 사주고 그것을 강요하거나 이것저것 가르칠 때 놀이는 학습이 된다. 아이는 자율적인 것을 좋아하지만, 가르침을 받고 있다고 생각할 때는 그저 엄마가 시키는 행동을 따를 뿐이다. 창의적이고 똑똑한 아이의 모습을 원한다면 아이의 시선에 맞추어 이야기하고, 놀고 싶은 대로 놀도록 내버려 둬야 한다. 엄마는 아이가 직접 하기 어려워하는 것들을 돕는 역할에 그쳐야 한다. 아이가 감독이 되고 엄마는 조연의 위치에 서서 아이의 뜻대로 하고 실패해도 다시 하는 것을 지켜봐야 한다.

네 번째로 아이와 놀 때는 단 5분이라도 온전히 주의를 쏟아야 한다. 휴대전화기도 내려놓고 아이에게 집중해서 그저 즐겁게 놀아야 한다.

마지막으로 친구 역할을 해야 한다. 나와 지호는 서로가 교사와 학생이 되어 배우거나 가르쳐 주었다. 스키, 스케이트, 인라인, 자전거 등은 내가 직접 가르쳐 주었다. 반대로 보드나 피아노, 게임, 걸 그룹 댄스는 아이가 가르쳤다. 그럴 때는 〈엄마 열심히 하네〉 하며 아이가 칭찬해 주었

다. 아이는 엄마가 자신과 즐겁게 노는 것을 보면서 존중받는다고 느끼고 기뻐하는 엄마를 보면서 자신이 누군가를 기쁘게 한다는 사실에 자신감을 얻는다.

제4차 산업 혁명으로 미래에는 어떤 인간상이 요구될지 예측하기 어렵다. 확실한 것은 구글처럼 세상을 미리 보고 이끌어 가는 기업에서는 제대로 놀 줄 아는 사람, 세상 변화에 적응할 사람을 원한다는 것이다. 그런 사람은 새로운 과제 앞에서도 유연한 사고를 하고 몰입과 재미와 의미를 찾아 즐긴다. 엄마와 함께한 문화적 경험과 여행, 다양한 놀이는 단순한 즐거움을 넘어 아이의 사고 능력을 키우고 일상에서의 소소한 행복을 즐길 줄 아는 사람으로 성장시킨다. 아이와 신나게 놀아라. 그리고 즐겨라!

성 평등적인 아이로 키우려면, 편견을 버리자

한 외국 광고에서 출연자들에게 〈여자처럼 달려〉라고 요청했다.

성인 남녀와 어린 남자아이는 팔과 다리를 팔랑거리며 모두 소극적으로 달렸다. 이후 10살 여자아이에게도 똑같이 요청했다. 여자아이는 다른 사람들과 달리 적극적으로 달리는 모습을 보였다. 어린 여자아이에게 〈여자처럼Like a girl〉의 의미가 무엇인지 물어보니 〈최대한 빨리 달리라〉라는 의미라고 답했다. 언제부턴가 〈여자답게〉의 의미는 여자의 특성만을 강조하고 그 외의 특성들을 제한한다.

부모를 모방하며 성 역할을 배운다

지인 B의 아들은 발레 학원을 몇 번 구경하더니 발레를 시켜 달라고 졸랐다. 그러나 축구나 야구 등 스포츠를 가르치고 싶은 마음에 선뜻 허락하지 못했다. 딸을 가진 C도 이런 고민을 한다. 아이에게 음악이나 발레를 시키고 싶은데 태권도를 하겠다고 하여 고민이라는 것이다. 그들은 〈사회적으로 성 평등을 이야기하는 건 알겠는데 그래도 남자가 할 수 있는 일과 여자가 할 수 있는 일은 따로 있다〉고 생각한다. 이러한 생각은 입 밖으로까지 나와 자신도 모르게 같은 상황에서도 아들에게는 〈남자가 씩씩해야지〉, 딸에게는 〈얌전해야지〉라고 각기 다르게 말한다. 공격적인 행동에 대해 남자아이보다 여자아이에게 더 걱정스런 반응을 보인다. 소심한 행동에 대해서는 여자아이보다 남자아이에게 더 실망스럽다는 반응을 보인다. 요즘 많이 변화하고 있다지만 대부분은 자신도 모르게 각인되어 온 성 역할에 대한 생각으로 〈남자다움〉과 〈여자다움〉을 구분한다.

초등학교 2학년인 외동 남자아이가 여자아이들을 뒤에서 안는 부적절한 행동을 보여 상담을 했다. 상담 도중 아이는 엄마보다 아빠와 더 친하게 지냈고 아빠로부터 〈남자는 좋아하면 어떻게든 표현해야 한다〉라는 말을 늘 들어 왔다. 아이는 올바르지 않은 남성다움을 배웠던 것이다. 이렇게 아이들에게 고정관념에 박힌 성 역할을 가르치면 남자아이는 주변의 과도한 남성 역할의 기대로 긴장과 갈등을 느끼고, 여자아이는 소극적이 되어 자신의 역할을 제한한다.

이런 문제를 의식한 작가 조남주는 『82년생 김지영』에서 여성의 성 역할로 요구되는 불합리한 일상을 그렸다. 이런 압박은 여자만 느끼는 것이 아니다. 토니 포터Tony Porter는 『맨 상자Man box』에서 〈남자는 태어나서 딱 세 번만 운다〉라는 말 때문에 자신의 감정을 드러내지 못한다고 했다. 가

정을 부양하고 책임져야 한다는 남자다움의 압박이 삶을 괴롭게 한다는 것이다. 이러한 성 역할을 아이들에게 강요한다면 다양한 경험도 하기 전에 이미 한계를 두어 자기다운 삶을 살지 못한다.

미래엔 양성성을 갖춘 인재가 필요하다

양성평등에 대해 관심 있던 나는 내 아이를 성 평등적인 아이로 키우고 싶었다. 어릴 때부터 자동차, 로보트, 인형 등의 장난감을 주었는데 아이는 곰 인형이나 소꿉놀이에 관심을 보였다. 결국 〈성 차이는 타고나는 것〉으로 생각했다. 타고난 대로 남자는 강한 것을, 여자는 부드러운 것을 선택한다고 생각했다. 그러나 내 생각을 뒤집는 연구 결과가 있었다.

미국의 심리학자 모느나Morna의 연구에 따르면 아이는 어릴 때부터 성에 대해 인식해 9개월부터는 옷, 장신구, 소품 등을 남성용과 여성용으로 구분한다. 생후 14개월 된 아이들을 대상으로 여자 목소리를 들려 준 후 여자 이미지와 남자 이미지를 내밀면 아이들은 여자 이미지를 선택한다. 12개월 정도면 이미 자신의 성 역할에 대한 모든 것을 습득한다고 한다. 20개월이 되면 자신의 성 역할에 대한 주변 사람들의 요구를 알아채 남녀의 존재를 인식하고, 18개월에서 4세 사이에는 자신의 성별에 대한 한계를 인지하고 그것을 받아들인다. 이렇듯 아이는 태어나는 순간부터 무의식적으로 엄마와 아빠의 모습을 모방하고 각각의 역할에 대해 배우고 그 역할을 자신의 역할로 받아들이게 된다.

특히 아이들은 자신과 같은 성별인 부모의 활동이나 모습에 관심을 가진다. 이는 학교나 사회에서 점점 더 강화되어 6~7세 때는 더욱 모방한다. 그러나 남아는 남성 역할에 대해 꾸준히 흥미를 느끼지만 여아는 10세가 되면서 여성적 요소에 흥미가 급격히 줄고 남성적 요소에 흥미를 느끼기 시작한다. 주변에서 여성의 성 역할에 대해 자긍심을 주기보다는 부정적인 인식을 심어 주기 때문이다. 따라서 여자아이들의 자신감은 사춘기 때 급격히 낮아진다. 〈무슨 여자애가 선머슴 같이〉, 〈남자애가 그러면 계집애 같다〉는 말을 자주 하는데 이는 여자아이들에게 〈너희는 약하다. 너희가 생각한 만큼 강하지 않다〉고 말하는 것과 같다. 그렇게 사춘기를 거치면서 각기 다른 성 역할이 주입된다. 이러한 남녀에 대한 사회적 인식은 무의식 속에 깊게 박혀서 어른이 되어서도 무엇이 문제인지 알지 못한다.

지난 2015년 캐나다 총리 쥐스탱 트뤼도Justin Trudeau가 취임하면서 내각을 여성 15명, 남성 15명으로 구성하자 전 세계의 이목이 그에게로 쏠렸다. 사람들이 그 이유에 대해 궁금해 하자 그는 〈2015년이니까 당연한 일〉이라고 대답했다. 세상은 여성과 남성이 함께 살아가는 곳이고, 그의 발언은 너무나 당연하다. 하지만 그 당연한 일이 오랫동안 외면된 이유는 뭘까? 〈정치는 여성의 역할이 아니다〉라는 사회적 인식 때문이다.

이러한 인식 속에서 나 역시도 수많은 관찰과 모방을 통해서 지금의 내가 만들어졌다. 시댁 가족 모임에 초대되어 갔을 때의 일이다. 초대받았음에도 며느리들은 들어서자마자 부엌으로 들어갔는데 사촌과 결혼한 중국인 며느리는 거실에서 남자들과 담소를 나눴다. 중국에선 어려운 요리는 남편이나 아버지밖에 못한다는 인식이 있어서 여자들은 거실에서 담소를 나누고 남자들이 요리를 한다고 한다. 중국은 평등을 지향해 대부분의 부부가 맞벌이를 하며 여자는 육아, 남자는 그 외의 살림을 맡는다. 그러다 보니 남자들 대부분이 살림에 능하다고 한다. 같은 아시아의 유교의 영향을 받은 국가이면서 중국 부엌의 풍경은 너무나 달랐다. 남자들이 살림에 소질이 없는 것은 남자라서가 아니니다. 사회적 학습의 결과다.

우리는 유치원 교사나 간호사를 여자만의 직업이라고 생각하지만 스웨덴은 남녀 교사 비율이 거의 같다. 노르웨이에서도 여자가 작업복을 입고 남자와 함께 도로 공사를 하는 모습을 볼 수 있다. 승무원하면 젊고 날씬한 여자만을 떠올리는데 외국 항공사의 비행기를 타보면 힘을 써야 하는 직업답게 힘세고 당당한 중년의 여자 승무원, 남자 승무원들이 음료와 음식을 제공한다. 필리핀 세부에서는 관공서에 사무직으로 일하는 사람은 대부분 여자들이고, 청소를 하는 사람은 남자가 많다. 우리나라와 전혀 반대인 모습들을 보면서 남자의 일, 여자의 일이라고 구분했던 편견들이 하나씩 사라졌다.

이성의 장점까지 갖추게 하라

「KBS 스페셜」에서 유치원 5~7세 아이를 대상으로 양성성과 창의력 테스트를 한 결과, 양성적인 아이들의 창의력이 높게 나왔다. 창의력 영재교육 분야의 권위자인 미국의 엘리스 폴 토런스Ellis Paul Torrance도 양성성이 높을수록 창의력, 독창성이 높아진다고 했다. 양성성이란 성별에 관계없이 부드럽고 순종적이지만 동시에 강인하고 주체적인 특징을 두루 갖춘 개인의 인성적 자질을 의미한다. 창의력과 재능이 뛰어난 여자아이일수록 또래보다 더 강인하고 적극적이고, 창의력이 높은 남자아이일수록 또래에 비해 감수성이 예민하고 소극적이다. 아이가 가진 다양하고 복합적인 정서를 잘 이해하고 표현하게 해주면 자신의 성이 가진 강점뿐만 아니라 다른 성의 장점까지도 두루 갖춘 사람이 된다. 자라나는 아이들에게 주어진 성 역할만을 갖추길 강요하면 미래 사회가 원하는 창의력 높은 아이로 키우지 못할 확률도 그만큼 높아진다. 실제로 스웨덴 아이들은 어릴 때부터 성 역할에 대한 고정 관념 없이 남자도 감정을 표현할 수 있고, 여자도 터프할 수 있다는 열린 교육을 받으며 자란다.

2016년 스위스 다보스 세계경제포럼에서 발표된 의미 있는 보고서 「일자리의 미래The Future of Job」에서 〈올해 초등학교에 입학하는 전 세계 7세 어린이의 약 65퍼센트는 지금 존재하지 않는 일자리를 갖게 될 것이다. 그 일자리는 성별에 의해서가 아니라 그 일을 얼마큼 좋아하는지, 어떤 적성과 능력을 갖추었는지에 의해 결정될 것이다〉라고 발표했다.

심리학자 샌드라 벰Sandra Bem은 〈남성성과 여성성 등 성 역할에 대한 고정 관념이 강하지 않을수록 창의적이고 성공할 확률이 높다〉고 하며 복잡하고 다양해진 사회 환경에 잘 적응하려면 전통적으로 구분된 남녀의 성향을 함께 갖추는 것이 좋다고 했다.

스티브 잡스Steve Jobs도 앞으로 새로운 경쟁력은 융합에서 나온다고 말했다. 감성과 이성이 융합되었을 때 시너지가 생겨 새로운 문화가 창조된다는 것이다. 이때 필요한 인재는 남녀 특성을 모두 갖춘 성 평등적인 사람이다. 영화 「빌리 엘리어트」에서 주인공 빌리는 권투를 하라는 주변의 압력에도 자신이 잘하고 좋아하는 발레를 선택했다. 편견에 맞서 꿈을 이워 낸 빌리처럼 아이들은 남녀를 떠나 한 인간으로서 존중받아야 한다.

부모 먼저 양성성 의식을 갖추자

양성적인 사람으로 키우려면 부모부터 양성성에 대한 의식이 있어야 한다. 대부분 아들과는 거친 놀이를 즐겨 하며 공격적이고 강인하게 키우는 반면, 딸과는 가벼운 놀이를 하며 상냥하고 온순하게 키운다. 그리고 〈여자가…〉, 〈남자는…〉라고 시작하는 말을 자주 해 성적 고정 관념을 무의식적으로 표출한다. 가정에서뿐만 아니라 우리가 쉽게 접하는 매체인 교과서, 신문, 광고, 영화나 드라마에서도 전통적인 남녀 성 역할을 구분 짓는 경우가 많다. 예를 들어 초등학교 교과서 삽화에 남성이 여성보다 평균 30퍼센트 이상 많이 나오고, 남성이 중요한 역할로 그려지는 사례가 60퍼센트 정도 많다. 교과서에서조차도 여전히 남성을 경제 활동의 주체나 정치를 이끄는 인물로 그리고 여성을 가사 노동과 육아를 담당하는 모습으로 그린다. 또 역사적 인물로도 남성은 세종대왕, 이순신 장군 등 40여 명이 등장하는 데 반해 여성은 신사임당과 유관순 열사밖에 없다.

전문가들은 이러한 고정 관념을 인식해야 한다고 말한다. 양성적인 아이로 키우기 위해서는 여자아이에게는 얌전하고 예뻐야 한다는 말 대신 관심 있어 하는 운동이나 몸을 쓰는 놀이를 시켜 진취적인 성향을 키우고, 남자아이에게는 미술과 음악을 접하게 하고 엄마의 일을 도우면서 감수성을 키워야 한다고 한다.

나는 한국 양성 평등원에서 꾸준한 연수를 받으며 양성적인 의식을 가질 수 있었다. 그래서 내 아이를 양성성을 모두 갖춘 부드러우면서도 강인한 여성으로 키우고 싶었다. 그 첫걸음은 엄마 아빠 모두 무심코 던지는 언어를 조심하는 것이었다. 내가 살면서 들었던 거북했던 성 차별적 언어들을 조심했으며, 여자와 남자를 구분하지 말고 자유롭게 감정 표현과 자기주장을 하도록 가르쳤다. 아이는 어릴 때부터 했던 다양한 체육 활동 덕분에 내성적임에도 남성적인 강인함을 갖췄다. 여자아이들이 그늘에 앉아 있을 때 땡볕에서 온몸에 땀을 흘리며 축구를 즐겼고, 친구들과의 관계도 적극적이었다.

아이들은 부모, 교사, 또래, 대중 매체 등을 관찰하고 모방하면서 성 역할을 발달시킨다. 특히 엄마 아빠와 많은 시간을 가지는 외동아이는 아빠에게 남성상, 엄마에게서 여성상을 찾는다. 부모가 성 역할에 대한 편견을 의식하고 이를 조정해 나갈 때 아이의 양성성이 균형 있게 발달한다. 그러면 아이는 자신만의 가치와 능력을 더욱 향상시켜 개성 있는 진정한 자신으로 살아간다. 그 처음은 〈너답게 달려!〉라고 외치는 것이다.

잘 먹는 아이로 키우려면,
행복한 식탁을 만들자

미식가로 유명한 프랑스 법관 브리야사바랭Jean Anthelme Brillat-Savarin은 〈새로운 요리를 발견한다는 것은 새로운 별을 발견하는 것보다 인간을 더 행복하게 만든다〉고 말했다.

사람들은 에너지를 얻기 위해서뿐만 아니라 즐거움과 행복을 위해 요리를 찾는다. 요리 문화가 발달한 나라일수록 요리사가 할리우드 배우만큼 유명세를 얻고 예술가급으로 대우를 받는다.

미국의 신경학자 마이클 거슨Michael Gershon은 장에서 95퍼센트의 행복 호르몬을 만들어 낸다는 사실을 밝혀냈다. 행복 호르몬 〈세로토닌〉은 대부분 장에서 만들어진다. 장은 마음을 안정시키고 행복감을 높여 주며 스트레스 지수를 낮춘다. 먹을 때 사람들이 행복감을 느끼는 이유다.

삼시 세끼 잘 먹는 게 보약이라는 식생활 철학을 가진 나는 영양소가 골고루 들어간 식단을 만들었다. 하루 세끼를 1년 먹으면 1천 끼 정도가 된다. 나쁜 음식은 내 몸과 마음에 부정적인 것을 넣는 것과 마찬가지라서, 되도록 인스턴트보다는 질 좋은 음식을 먹이려 했다. 올바른 식습관을 들이기 위해서 아이에게 어릴 때부터 다양한 음식을 먹였다. 어느 아프리카 종족은 달걀을 먹지 않는다고 한다. 태어나지도 않은 생명을 어떻게 먹느냐는 것이다. 이렇게 문화적 차이에 따라 음식에도 고정관념이 생길 수 있다는 것을 깨닫고 음식을 평가할 때 그 색깔이나 생김새보다는 맛과 영양에 의미를 두기로 했다.

아이에게도 다양한 음식을 먹이고 싶어서 아이와 함께 놀이터 가듯 장을 보러 갔다. 야채나 생선의 색깔을 맞추기도 하고 시식 코너에 가서 먹어 보기도 했다. 아이에게 맛이 어떤지 물어보고 먹고 싶어 하는 음식을 샀다.

아침밥은 단백질 위주로

5대 영양소가 골고루 들어간 식단은 온종일 몸과 머리를 써야 하는 성장기 아이에게 필수적이다. 특히 하루 종일 공부를 하느라 에너지를 소비해야 하는 청소년기에 뇌에 영양을 공급하는 아침 식사는 중요하다. 영국 카디프 대학교 연구팀은 〈아침 식사는 두뇌 활성화에 도움을 주고 장기적으로 체력 증진과 건강 유지에 도움이 된다. 또한 집중력은 물론 인지 능력도 좋아진다〉고 말했다. 식습관이 사람의 뇌 활동에 미치는 영향은 10~65퍼센트에까지 이른다고 한다. 아침 먹는 식습관이 형성되지 않아 충분한 영양 공급을 받지 못하면 또래에 비해 성장 부진이 나타나고 면역력도 떨어지므로 세균이나 바이러스에 인한 감염성 질환에 걸리기 쉽다.

올바른 식습관이 유전을 이긴다는 말이 있듯이 10세 이전의 식습관은 중요하다. 친정어머니는 이런 연구 결과를 아셨는지 어릴 때 아침을 먹지 않으면 학교에 보내지 않았다. 그때의 습관은 평생의 식습관이 되었고, 내 아이에게도 아침밥을 꼭 먹였다. 그날 아이의 컨디션을 살피고 먹기 좋고 영양가 있는 재료로 준비했다. 출근 준비를 하면서 아침 식사를 만들어 잠시나마 함께 먹고 이야기하며 하루를 시작했다.

간단하게 국에 밥을 말아 먹이는 것보다 영양가 있고 좋아하는 요리를 생각했고, 단백질 위주로 식단을 짰다. 한 끼라도 잘, 그리고 맛있게 먹이고 싶어서 매일 식단을 달리해서 장을 보았다. 식구가 적다 보니 음식을 많이 하면 버리는 경우가 있었다. 장을 볼 때는 조금씩 다양하게 샀다. 주말을 이용하여 대형 마트의 저녁 할인 시간에 소고기, 돼지고기, 닭고기, 오리고기, 베이컨, 달걀, 생선, 해산물 등 영양가 높은 단백질 위주의 음식들을 샀다. 고기, 야채, 육수 등 대부분의 재료들은 1~2인분으로 소분해 미리 손질해서 냉장고나 냉동고에 보관했다. 고기 종류는 주로 간단하게 구워 주고 국물 요리 하나, 샐러드, 나물, 김치 등 5대 필수 영양소가 골고루 들어가도록 식단을 짰다. 가끔 뚝배기에 조금씩 남은 반찬과 날치알, 단무지를 잘게 썰어 함께 비벼 주면 고소하고 맛있는 알밥이 되어 한 끼 간편식이 되기도 했다.

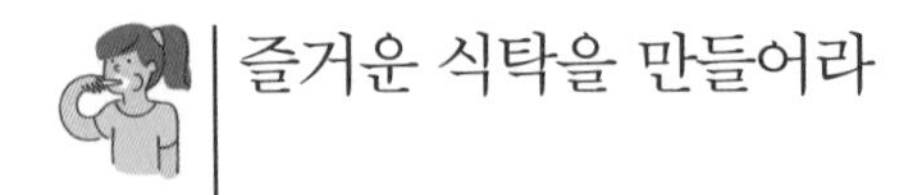

즐거운 식탁을 만들어라

어린 외동아이에게 밥 먹이는 건 참 힘든 일이다. 지호도 형제 없이 혼자 먹다 보니 먹는 데 욕심이 없어 밥 먹다가 졸기도 하고 삼키지 않고 물고만 있기도 했다. 잘 먹지 않을 때는 무조건 밖으로 데리고 나갔다. 신나게 놀면서 에너지를 쓰고 나면 아이는 밥을 곧잘 먹었다. 또 놀이를 하듯 〈밥이 언니에게 맛있게 먹어 달라고 이야기하는데 어쩌지?〉 하면서 먹는 놀이를 했다. 밥알이 다 튀고 어질러져도 혼자서도 잘 먹는다고 칭찬했다. 물이나 밥을 먹을 때도 깨지지 않는 다양한 모양의 플라스틱 컵, 그릇을 준비했고 아이가 그날그날 그릇을 직접 고르게 했다.

사람들은 자신이 선택한 것에 대해서는 책임지려는 심리가 있는데 그릇부터 반찬까지 직접 선택하게 하면 아이는 더 잘 먹었다. 밥 먹기를 거부할 때 밥그릇을 들고 쫓아다니면서 억지로 먹이지 않았다. 단호히 밥상을 치우고 군것질거리 또한 전혀 주지 않았다. 군것질만 하지 않아도 아이는 잘 먹었다.

내가 과하다고 여겨질 정도로 아이게게 집중한 것은 딱 두 가지였다. 입과 귀를 즐겁게 해주는 것이다. 그 두 가지는 식탁에서 모두 할 수 있다. 맛있는 음식이 가져다주는 행복감은 서로 간의 수다로 더욱 증폭된다. 친정어머니랑 통화를 하면 여전히 〈밥은 먹고 다니니?〉로 시작해서 〈밥 잘 챙겨 먹어라〉로 끝난다. 많은 영화나 소설에서도 누군가를 위한 따뜻한 밥과 말은 힘이 되어 새로운 인생을 선사하기도 한다. 줄리아 카메론Julia Cameron은 『아티스트 웨이The Artist's Way』에서 이렇게 말한다. 〈행복은 성공이 아니라 소소한 일상에 관심을 두고 그것을 느끼며 사는 것.〉 나는 오늘도 따뜻한 밥 한 끼, 따뜻한 말 한마디를 준비하며 아이가 행복해 하는 모습을 상상한다.

친정어머니는 겨울에 식구들 식사를 챙기실 때 그릇을 미리 따끈하게 데워 놓았다가 먹기 전에 밥과 국을 퍼주셨다. 데워진 그릇의 온기로 오래도록 따끈한 밥과 국을 먹었다. 음식은 마음의 맛이다. 맛있는 밥 한 끼는 하나뿐인 내 아이에게 주는 최고의 사랑 표현이다.

3부

외동아이에게 맞는 교육법은 따로 있다

육아 경험 100%

외동 엄마의 실전 노하우

① 시기별 맞춤 교육법

0세~1세
오로지 <이것>만 해주면 된다

아이도 아이가 된 것이 처음이지만 엄마도 엄마가 된 것이 처음인 시기다.

이때의 지호는 초보 엄마의 품이 불편한지 잘 자다가도 수시로 깨서 울고 계속 칭얼거렸다. 갑자기 울어 대면 배가 고픈건지, 기저귀가 불편한 건지 그 이유를 몰라 같이 울고 싶을 정도였다. 도무지 편안히 잠을 잘 수가 없고, 밥 한 끼도 제대로 못 먹었다. 오직 아이가 잘 먹고 잘 자기만을 바랐다. 배 속에 있을 때가 더 편하다고 하더니 그 이유를 알 것 같았다. 나는 아이가 울 때마다 안아 주는 친정어머니에게 〈왜 자꾸 안아 주느냐〉고 투덜댔다. 그렇게 안아 주면 손 타서 혼자 아이를 볼 때도 계속 안아 줘야 할 것 같았다. 어머니는 우는 아이를 그냥 두면 성질 나빠지니 안아 주며 키워야 한다고 하셨다. 돌 이후부터 돌봐 주던 돌봄 맘도 아이의 상태를 하나하나 살피며 자주 안아 주고 업어 주었는데 그래서인지 아이는 순하고 건강하게 자랐다.

뇌의 대폭발 시기

생후 1년 동안은 주변의 환경과 자극으로 뇌가 형성되는 시기로, 배 속에 있을 때보다 더 중요하다. 이 시기에는 긍정적인 자극과 부정적인 자극 모두에 예민하게 반응한다. 아기의 뇌는 태어날 때 4분의 1만이 발달되어 있는데, 300그램이었던 뇌가 1년 동안 1천 그램으로 3배나 커지면서 가장 활발하게 발달한다. 먹고 자는 게 다일 것 같지만, 일생 중 뇌가 가장 많이 성장하는 시기로 평생 쓸 뇌를 만드는 〈뇌의 대폭발 시기〉다.

우리의 뇌는 3중 구조로 되어 있는데 생명을 조절하는 맨 아래 1층의 뇌간, 감정과 본능을 조절하는 2층의 편도체, 이성과 지식을 담당하는 맨 위층의 전두엽이다. 각 층의 뇌가 점차적으로 발달하면서 이들이 관여하는 감정 조절, 이성 발달 능력 역시 같이 성장한다.

0~2세에는 가장 먼저 1층 뇌간이 충족되어야 한다. 뇌간은 생명에 관련된 식욕, 수면욕, 위험으로부터 보호받고자 하는 욕구를 관장한다. 그것이 충족되어야 그다음 단계인 2층 편도체 영역이 성장하며 감성과 감정이 발달한다. 보호받는다는 느낌은 시각, 청각, 후각, 미각, 촉각의 오감을 통해 전해진다. 그중에서도 피부는 〈제2의 뇌〉라고 불리는데, 피부의 신경이 뇌와 연결되어 있어 촉각을 통해 안정감을 느끼면 뇌의 발달에 긍정적인 영향을 주기 때문이다. 즉 부모나 주변 사람들이 안아 주고 업어 주며 촉각을 전하면 보호받고 있다고 느껴 뇌가 빠르게 발달한다. 교육 심리학자 라인하르트 K. 슈프렝어Reinhard K. Sprenger는 〈뇌는 사회적이며 몸은 스킨십과 함께 성장하므로 어린아이를 많이 안아 줘야 한다〉고

말했다. 아이가 올바르게 성장하기를 원한다면 아이에게 적극적으로 반응하고 긍정적인 오감 자극 특히, 안아 주기를 많이 해야 한다. 아이는 스킨십으로 안정감을 느끼면서 세상에 대해 신뢰감을 키운다.

안아 주기는 죽어 가는 아이를 살리기도 한다. 5개월 만에 미숙아로 태어난 쌍둥이 자매 중 한 명이 다른 한 명을 팔로 감싸고 있는 〈생명을 구하는 포옹〉이라는 사진이 있다. 한 아이가 생명이 위태로워지자 규정 위반이라는 것을 알면서도 부모와 의료진은 둘을 한 인큐베이터에 넣었다. 얼마 후 자기 몸도 제대로 가누지 못하던 언니가 동생에게 손을 뻗어서 포옹하듯 끌어안았고, 그 순간 불규칙했던 동생의 심장 박동이 안정되었다. 그리 오래지 않아 동생의 혈압과 체온이 정상으로 돌아왔다는 기적 같은 이야기다. 안아 주기는 아프거나 까다로운 아이도 편안하고 건강하게 자랄 수 있게 만든다.

규칙적 양육법은 무지의 산물

일부 엄마들은 외국 교육서에 따라 육아는 일정한 규칙을 따라야 한다고 말한다. 필요 이상으로 안아 주기보단 혼자 놀게 하고 스스로 자는 법을 배워야 한다며 수유 시간과 잠자는 시간을 한 시간 단위로 정하고, 조금 더 크면 스스로 수면 시간을 조절하도록 따로 재우기도 한다. 아이가 울 때도 안아서 달래기보다는 스스로 울음을 그칠 때까지 기다린다. 어른들이 규칙적인 생활을 하듯이 아이도 일정한 생활 습관을 가져야 한다며 정해진 시간에만 아이를 돌보는 것이다.

규칙적 양육법은 아이에 대한 과학적 분석이 없던 시대에 통하던 방식이다. 19세기에는 사람과 사람 간의 접촉으로도 전염병이 발생하던 시기여서 질병 예방 차원에서 아기를 따로 재웠다. 여기서 규칙적 양육법이 시작되었고 여전히 서양에서는 예전부터 해오던 방식에 따라 아기를 침대에서 따로 재운다. 최근 미국의 한 소아과 의사가 규칙적인 육아를 소개했다. 먹이고, 재우고, 안아 주는 시간을 정한 것이다. 이 방식은 엄마들에게 선풍적인 인기를 끌었다. 그러나 규칙적인 돌보기를 한 지 얼마 지나지 않아 그전보다 더 날카롭고 자주 운다는 것을 깨달았다. 배가 고파도 안기고 싶어도 잠을 자다가 깨서 무서워도 엄마가 절대 오지 않는다는 사실에 안정감을 느끼지 못한 것이다.

이를 증명하듯 캐나다에서 많이 안아 줄수록 우는 횟수가 줄어든다는 연구 결과가 나왔다. 평소 3시간 이상 안아 준 그룹과 그렇지 않은 그룹을 6주 후에 비교하였더니 3시간 이상 안아 준 아기들의 우는 횟수가 급격히 감소했다. 평상시 많이 안아 주어야 안정감을 느껴 짜증을 부리지 않는다. 육아 전문가 페넬로페 리치Penelope Leach 박사도 6살 아이 225명을 조사한 결과 젖먹이 때 안아 주며 키운 아이들은 정신적으로 건강하고 행동 발달에 문제가 없었다. 그는 〈20분 이상 우는 것을 방치하면 코르티솔이라는 스트레스 호르몬이 나오는데 이는 뇌에 안 좋은 영향을 미칠 수 있다〉고 하면서 〈울다가 결국 멈추는 것은 스스로 잠드는 법을 배워서가 아니라 도움을 받지 못한 것에 실망하고 지쳐서 잠드는 것이다. 우는 아기를 그냥 내버려 두면 뇌에 좋지 않은 영향을 미쳐 성장하면서 발달에 문제를 일으킬 수 있다〉고 지적한다. 자다가 깨는 것은 자신이 안전한지를 확인하는 행위로 엄마 품에 있으면 다시 쉽게 잠든다.

미국 아동 관리와 청소년 발달 연구에서도 밝혔듯 아주 어렸을 때의 보살핌이 청소년 시기에도 영향을 미친다. 0~2세 사이에 엄마의 반응 없는 양육을 받은 아이들은 스트레스 호르몬 분비 조절에 영향을 받아 평생 자신도 모르게 잠재적 불안을 느낀다. 특히 사춘기인 15세 무렵에는 스트레스 호르몬 분비에 이상이 생겨 정서적 불안이 더욱 심해진다고 한다.

0~2세 때 부모에게 신뢰감을 갖지 못하면 아이는 세상을 살아가는 데 어려움을 겪는다. 심리학자인 하인리히 클뤼버Heinrich Klüver와 폴 버시Paul Bucy는 원숭이의 뇌를 이용하여 감정 조절에 관여하는 2층의 구조 편도체를 연구했다. 이 부분이 손상된 원숭이는 먹을 수 있는 음식과 없는 음식을 구별하지 못했고, 보통의 원숭이가 가장 무서워하는 뱀을 보아도 피하지 않고 오히려 겁 없이 공격하는 모습을 보였다. 이 원숭이들은 태어나자마자 엄마의 보살핌 없이 자라 1층 뇌간의 발달이 더뎌 2층의 편도체가 관여하는 감정과 본능 조절 역시 제대로 이루어지지 못했다.

아이는 엄마가 보이지 않거나 엄마 냄새가 나지 않으면 불안하고 두려워한다. 그 결과 기쁨, 행복과 같은 좋은 정서는 발달하지 못하고 슬픔, 우울 등 나쁜 정서만 발달한다. 주변에서 개구리를 무자비하게 죽이는 등 동물을 잔인하게 학대하는 소시오패스 성향의 아이들을 보면 뇌의 2층에 있는 감정과 본능 조절의 편도체 부위가 손상되어 있다. 이들은 아주 어린 시기에 주변으로부터 버려졌거나 커가면서 심한 모욕적인 말과 구타 등 신체적 학대를 경험했다는 공통점이 있다. 이 때문에 누군가를 가엾어

하거나 슬픔을 느끼는 등의 감정 영역이 발달하지 못한 것이다.

무엇을 원하는지 알아보는 민감한 태도 필요

0~2세 시기의 아이를 사랑하는 방법은 무조건 먹고 자고 싸는 생명에 필요한 기본적인 욕구를 해결해 주는 것이다. 이때 엄마에게 필요한 것은 긍정적 반응과 아이가 필요로 하는 것을 정확하게 파악하는 능력이다. 처음엔 아이가 울면 배가 고픈지, 졸린지, 기저귀가 젖었는지, 어디가 아픈지 원인을 파악하기가 힘들었다. 하지만 평상시 자는 시간, 먹는 시간 등을 주의 깊게 관찰하고 체크했더니 무엇을 원하는지 바로 알 수 있었다. 아이는 자신의 불편함을 울음으로만 전하므로 부모는 민감해야 한다. 배가 고프거나 오줌을 싸서 기저귀가 젖었을 때 엄마가 잘 돌봐 주면 바로 자신의 고통과 불편함을 덜어지는 경험이 쌓이고, 이를 통해 엄마뿐만 아니라 세상에 대한 믿음이 형성되면서 신뢰감이 발달한다.

잘 울지 않는 순한 아이의 경우 바닥에만 눕혀 놓는데 그런 아이에게도 사랑과 관심이 필요하다. 아이는 거울처럼 엄마의 모습을 그대로 따라 한다. 나 역시 아이가 하는 미소, 울음, 옹알이, 잡기, 따라 하기 등의 행동이 사랑스러워 눈을 맞추고 웃어 주고 긍정적인 말을 하며 귀여워했다. 꼭 껴안아 주거나 뽀뽀를 하는 등 충분히 애정을 쏟고 아이의 작은 표현에도 반응했다. 아기는 이러한 엄마의 반응을 통해 더욱더 사랑받는다고 느낀다. 그 외에도 목욕할 때 하는 마사지나 머리를 쓰다듬어 주는 미세한 피부 자극도 뇌 신경을 자극하여 발달을 촉진한다. 태어나서부터 1세까지 엄마가 우유를 주고, 안아 주고, 놀아 주고, 노래해 주고, 이야기해 주고 책을 읽어 주면 아이의 뇌는 75퍼센트 발달한다. 어릴 때 충분한 사랑을 받았던 몸의 기억은 성인이 되어 삶을 안정적이고 긍정적으로 살도록 도와 준다.

2~3세
놀 때는 간섭하지 않는다

걷기 시작하면서부터 엄마 품에서 벗어나 자유를 얻은 아이는 온 집 안을 헤집고 다녔다.

혼자 하려고 애쓰는 모습이 기특하면서도 혹시 다치지는 않을까 불안하기도 했다. 아이는 순한 듯하면서도 서랍이라는 서랍은 다 뒤지고 화장품을 바르기도 하고 내 옷을 입어 보는 등 귀여운 사고를 치는 악동이 되었다. 짧지만 몇몇 단어로 자신이 원하는 것을 요구하며 의사를 표현했다. 어느 날은 내가 과자를 뜯으려 하자 〈내가, 내가〉 하면서 자기가 뜯고 싶어 했다. 스스로 하기에 힘들 것 같아 〈엄마가 해줄게〉 하면서 봉지를 뜯자 떼쓰며 울었다. 할 수 없는 게 뻔한데도 무조건 자기가 하겠다고 우겼고, 자기가 의도했던 것과 다른 것을 주기라도 하면 화를 냈다.

아이가 걸음마를 하기 전 뭐든지 해주던 것이 습관이 되어 아이가 스스로 배우는 시기임에도 대신 해주려고 했다. 세상을 향해 탐험하는 호기심 많은 아이를 불안하게만 느꼈던 것이다. 막 걷기 시작해 아무 데나 뛰어

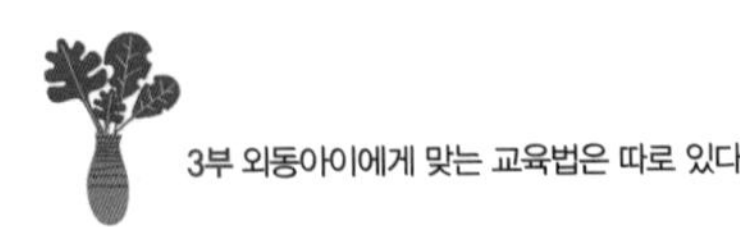

다니는 아이를 보면 다치지는 않을까 불안하고 조급한 마음에 나도 모르게 지나치게 보호하려고 했다. 또한 시도 때도 없이 무조건 자기만을 내세우고 떼를 쓰며 말을 안 들을 때면 버릇없이 클까 걱정되어 기를 꺾어야 하는 건 아닌지 고민했다.

그러나 2~3세 아이는 이런 행동이 정상이다. 20~30퍼센트의 뇌만 발달한 채 태어난 아이는 주변의 자극과 경험으로 3살 때까지 뇌의 80퍼센트가 발달한다. 이러한 뇌의 발달은 신체적으로는 몸의 움직임을 알게 하고 인지적으로는 〈나〉라는 자아 개념을 갖게 해 신체적, 인지적, 정서적 영역이 확장된다.

버릇 들이기 가장 좋은 시기

이 시기의 아이는 손과 발을 마음대로 움직이기 시작하면서 걷기, 뛰기, 공 던지기, 계단 오르기, 세발자전거 타기, 대소변 가리기 등 자신의 의지로 하는 것에 재미를 느낀다. 자기주장과 요구가 커져 스스로 하려는 시도가 많아진다. 세상에 대한 호기심과 상상력 때문에 무조건 밖으로 나가자고 손을 이끌고 뭐든지 직접 해보고 싶어 한다. 이때의 아이는 세상의 중심이 자신이라고 생각하고 고집도 강하다.

2층의 감정 뇌인 편도체가 발달하는 시기이므로 몸과 행동에 대한 조절 능력을 배움과 동시에 감정을 통제하는 법도 배운다. 아이는 경험을 통해 조금씩 자기중심적인 것에서 벗어나 자신과 다른 사람을 구별하며 어른과 가까이 지내면서 칭찬과 인정을 원한다. 엄마 외에 다른 어른에게도 칭찬 받고 싶어 하고, 차례 지키기 같은 간단한 규칙을 따르며 타인의 요구를 들어주기도 한다.

그러나 생각대로 움직이지 않는 몸 때문에 짜증을 내기도 한다. 처음 무언가를 시도했는데 제대로 되지 않으면 화가 나고 답답한 것처럼 모든 것이 처음인 아이는 매 순간 불편한 감정을 느낀다. 어디서나 솔직하게 표현하고 부정과 반항을 하고 고집불통에 변덕쟁이가 된다. 특히 피곤하거나 통제를 받으면 변덕이 심해진다. 이러한 반항은 건강하고도 자연스러운 것이다. 또한 호불호의 의사 표현을 확실히 하며 〈나〉라는 자아를 발달시킨다. 아직은 친구들과 나누거나 협력하는 놀이를 잘하지 못하고 소유욕이 강하며 혼자 집중하기를 좋아하고 눈에 뻔히 보이는 거짓말을 한다. 나만 보이고 남들은 보이지 않는 눈치 없는 시기다.

그러나 이 시기의 반항이 정상임에도 불구하고 아이의 발달 수준을 잘 몰라 실수하는 부모가 많다. 외동이니 버릇없이 키우지 않겠다는 마음에 과잉 통제를 하거나 아직은 미숙하니 뭐든지 대신 해주는데, 그러면 자존감 형성에 바탕이 되는 자율성이 부족해진다. 부모의 과잉 통제 혹은 과잉보호는 자신의 의지가 받아들여지지 않고 스스로 할 기회를 박탈당했다는 느낌을 준다.

한편 화를 내거나 반항하는 것이 발달 단계상 당연하긴 하지만 이유가 없다고만 생각해도 안 된다. 이유 없는 반항은 없다. 말로 표현하지 못하니 떼쓰거나 울음으로 의사 표현을 하는데 이는 불안과 불만을 느끼기 때문이다. 따라서 아이에게 더 큰 관심을 주고 돌봐야 한다. 이때는 밥을 먹고, 옷을 입고, 잠을 자고, 장난감을 치우고, 대소변을 해결하는 일상적인 일부터 탐색 활동과 놀이, 그림 그리기 등 삶의 중요한 습관들이 다져지는 시기다.

3분만 참으면 아이는 행복해진다

나는 아이가 우유를 먹고 싶다고 하면 흘리지 않게 조금 따라 주거나, 깨뜨리지 않도록 플라스틱 컵을 쥐어 주었다. 먹다가 바닥에 흘려도 꾸짖기보다는 치울 방법을 알려 주면서 아이가 주도적으로 치우게 했다. 신발을 신을 때도 〈앞쪽으로 발을 깊숙이 넣은 후 바닥에 대고 콩콩 찧는 것〉이라고 구체적으로 알려 줬다. 외동아이를 키우는 나로서는 시간과 여유가 있어 스스로 하도록 일일이 구체적인 방법을 알려 주고 기다릴 수 있었다. 시간이 없다고 대신해 주기보다 스스로 하도록 3분만 참으면 아이는 행복해진다. 하고자 하는 일이 잘 안 될 때는 거들어 주며 다시 시도하도록 격려했다.

무조건 자기가 하겠다고 하면 자유의 한계와 제한도 일러 주었다. 떼를 쓰거나 반항하는 것을 다 받아 주어서는 안 된다. 떼쓰기를 어디까지 허용할지를 정하고 자신이 고집을 부려도 할 수 없는 일이 있음을 스스로 깨닫도록 그 수위를 넘지 않게 분명한 선을 그어야 한다. 아이가 목욕을 너무 오랫동안 하려고 떼를 쓴다면 〈한 번만 더 놀고 정리하자〉고 말한 뒤 잠시 후 다른 활동을 시작해서 분위기를 환기하는 것도 좋은 방법이다. 아이는 엄마가 자신의 요구를 받아 주어 안심함과 동시에 자신의 행동을 통제할 능력이 생긴 것에 기쁨을 느낀다.

제한을 정할 때는 절대로 안 되는 것과 협상할 것을 구분해야 한다. 그중 아이의 안전과 생명, 그리고 예절에 관한 것은 절대 양보하지 않았다. 약을 안 먹겠다고 고집을 부려 건강을 해치거나, 공공장소에서 어지럽게 돌아다니는 등의 행동으로 다른 사람에게 피해를 주면 단호하게 바로잡았다. 뭐든지 다 들어주는 돌봄 맘과 달리 자기 말을 다 들어주지 않는 엄마가 자신을 미워한다고 생각할 수도 있다. 이런 마음을 읽고 아이에게 제한을 할 때는 〈아플까 봐〉, 〈다칠까 봐〉 염려하여 그런 것이라고 충분히 애정을 담아 설명해야 한다. 이렇게 하더라도 한 번 감정이 격해지면 쉽게 진정하지 못하는 경우가 있는데 이때는 아이를 안아 체온을 전하면서 사랑해서 제재한다는 것을 몸으로 알게 해야 한다.

또한 위험하다 생각되는 환경을 미리 제거해 조금 무관심한 채로 지켜보는 것도 중요하다. 신체적으로 활동이 많은 시기이므로 아이가 자율적으로 활동하게끔 안전한 환경을 마련해야 한다. 문에 손가락이 끼지 않게 손 끼임 방지대를 설치하고 칼이나 가위 등 날카로운 물건들은 어떻게 다뤄야 하는지 주의를 주고 약이나 세제, 비누 등은 아이의 손이 닿지 않는 곳에 보관했다. 싱크대, 냉장고, 변기 등에도 잠금 장치를 설치해 안전한 환경을 만드니 아이에게 〈안 돼〉라는 말을 할 필요가 없었다. 특히 이 시기의 아이들이 그렇듯이 지호도 그림 그리기를 좋아했다. 제지하고 싶지 않아 집 안의 인테리어를 포기하고 벽이나 바닥에 그림 그릴 종이를 붙여 주어 마음껏 그리도록 했다.

가끔 엄마도 찾지 않고 혼자 뒹그러니 있는 아이를 보면 형제가 없어서 외로운 것 아닐까 하고 괜히 찔린 적도 있다. 이때는 혼자 두어야 한다. 지나가는 개미 하나에도 몇 시간이고 그 자리에 멈춰 몰입하는 아이를 보았을 것이다. 혼자 노는 아이가 외롭고 심심할 거라며 아이가 원하지 않는데도 말 걸고 놀아 주는 것은 아이의 집중력을 방해하고 간섭하는 행동이다. 이때 아이는 집중력과 창의력이 늘어난다. 아이가 도움을 요구하지 않는 이상 혼자 자유롭게 놀게끔 무관심하게 두는 것이 좋다. 아이가 심심해할 때는 비디오 보기와 컴퓨터 게임을 쥐어 주며 방치하기보다 같이 놀아 주어야 한다. 이때 중요한 것은 엄마 주도가 아닌 아이 주도의 놀이여야 한다는 것이다.

한편 엄마가 아이의 마음을 읽어 주는데도 불편해 하거나 반항적인 모습을 보이면 혹시 과보호와 과통제에 대한 불만의 표현은 아닌지 생각해 볼 필요가 있다. 짜증을 많이 내거나 공격적인 성향은 독립하려는 자신을 부모가 막는 데서 생기는 경우가 많다. 아직 뇌가 덜 발달되었다고 생각하면 떼를 쓰는 아이에게 매를 들거나 화 내는 일이 줄어든다. 아이는 독립을 원하지만 보호받지 못할 것에 대한 두려움도 동시에 갖는다. 지나치게 자유를 막아도 안 되고, 그렇다고 너무 무관심해도 안 되는 까다로운 시기다. 만 1세까지는 절대적으로 보호하고 뭐든지 해주면서 100퍼센트 돌봄을 해야 한다면, 2~3세에는 돌봄의 범위를 줄여서 차츰 아이가 주체가 되도록 옆에서 도움을 주는 엄마로 변신해야 한다. 아이가 커가면서 놀이와 장난감이 바뀌듯, 엄마도 달라져야 한다.

4~6세
끊임없이 놀아 주고 읽어 줘라

어느 노벨상 수상자에게 어느 대학에서 공부했기에 이토록 훌륭한 업적을 이루었는지 물었다.

그는 〈유치원일세〉라고 대답했다. 농담이라고 생각한 기자가 다시 묻자 그는 〈유치원에서 내 것을 나눠 주는 마음과 남의 물건에 손대지 않는 행동, 물건을 정리하는 것, 잘못을 사과하는 것, 밥을 먹기 전에 손을 씻는 것, 세상에 호기심을 갖고 주변을 관찰하는 것에 대해 배웠다네〉라며 유치원 교육의 중요성을 강조했다. 교육학자 로버트 풀검Robert Fulghum 또한 〈내가 정말 알아야 할 모든 것은 유치원에서 배웠다〉고 말했다. 4~6세 때는 인간으로서 살아가는 데 필요한 모든 지적 기능과 도덕성, 인간성의 기초가 서는 시기다. 이때 엄마와의 관계에서 벗어나 교사, 또래 집단의 관계로 세상의 축이 바뀌고 본격적인 사회화가 시작된다.

타인의 감정을 이해하는 시기

4~6세 시기에 아이의 뇌는 성인 크기의 90퍼센트까지 성장한다. 전 단계에서 감정 조절 기능이 발달했다면, 이 시기에는 본격적으로 언어 기능, 감정적, 논리적 사고 등의 판단을 담당하는 뇌의 3층 전두엽이 폭발적으로 발달해 창의적 사고를 활성화시킨다. 따로 기능하던 각각의 인지 능력들이 하나로 통합되면서 사회생활에 필요한 전반적인 능력을 갖춰 나간다. 사고가 확장되면서 아이는 배우는 것을 즐기고 무엇에든 호기심을 느낀다. 어떤 행동에 대해 설명하면 잘 이해하고 논리력과 기억력, 창의력이 늘어나는 등 훌쩍 어른이 된 느낌을 준다. 온종일 쉬지 않고 이야기하며 재미있다고 생각하는 놀이에는 무섭게 집중한다. 발음이 어려운 공룡 이름들을 모조리 외워 버릴 정도로 기억력이 좋아진다. 감정 조절이 가능해지고 속상하거나 화가 나도 참았다가 나중에 자신의 억울함을 호소하는 등 적절한 말과 행동으로 자신의 감정을 표현한다. 지능이 발달함과 동시에 다른 사람을 생각하는 공감 능력과 배려심도 발달한다.

돌봄과 배려, 협력과 소통이 가능하고 규칙을 지키며 가정이나 유치원에서 다른 사람을 돕고 싶어 한다. 지호는 내가 아플 때 〈엄마, 아프구나〉 하면서 안아 주며 아픔을 공감하고 위로했다. 또한 마음껏 시도하고 놀며 성공했다는 느낌과 그에 따른 자신감을 갖는 시기다. 뭐든지 할 수 있다는 자존감이 커져 어른처럼 행동하려고 한다. 때론 자신을 어른과 동일시하다 못해 초자연적인 인물로 여겨 친구들 사이에 서로 대장이나 공주 역할을 하려고 한다.

부모와 건강한 애착 관계를 맺은 아이는 친구와도 친밀감을 쉽게 느낀다. 특히 동성 친구들과 자연스럽게 어울리고 그 관계 안에서 예절과 규칙을 지킨다. 집단 내에서 친구들과 비교하며 자기 존재에 대해 긍정적, 부정적 인지를 하게 되며 나와 다른 사람의 기준이나 입장도 알아 간다. 여럿이 함께하는 퍼즐 놀이나 소꿉놀이 등을 할 때도 서로의 역할을 나누고 놀다가 규칙을 지키지 않는 친구들과 다투며 문제 해결 방법을 찾아 간다. 각자가 원하는 것을 조절하는 과정에서는 원하는 것을 포기하기도 한다. 이러한 활동으로 공정, 평등, 정의로움 등에 관심을 갖고 선과 악, 좋고 나쁨을 구별한다. 그리고 벌이나 칭찬을 통해 좋음과 나쁨을 인식하면서 양심이 발달한다. 친구들끼리 놀 때도 규칙을 지키지 않거나 피해를 주는 친구를 싫어해서 함께 놀려고 하지 않는다. 뇌가 완전히 발달되지 않아 정신적, 사회적으로 여전히 미숙한 상태지만 예절, 질서, 절제, 청결 등 사회생활에 필요한 전반적인 생활 습관을 습득하려고 한다.

〈한 자라도 더 가르치는 것〉에 집착하지 마라

핀란드에서는 유치원 교육이 끝나고 초등학교에 들어가기 전에 집중력, 인내력, 자기 관리력 등을 테스트한다. 실제로 많은 초등학교 1학년 교사들이 말하길 책상에 앉을 수 있는 집중력, 무언가를 꾸준히 해내는 인내력, 다른 친구에게 피해 주지 않으려는 감정 조절력이 있어야 수업에 참여할 수 있다고 한다. 이러한 힘은 놀이를 통해 만들어진다. 그러나 학교생활에 필요한 능력을 미리 만들어 주어야 한다는 조급함에 부모는 아이가 제법 말귀를 알아듣는다고 생각하면 학습과 관련된 것부터 가르친다. 아이와 함께 놀면서도 규칙에 따라 끼워 맞추며 가르치고는 잘 놀아 주었다고 착각한다. 그러면 아이는 놀이를 학습으로 느끼고 흥미를 잃는다. 그림을 그릴 때 나뭇잎은 초록색으로 색칠해야 한다며 아이의 상상에 맡기기보다 엄마의 주관대로 그림을 평가하고 따르게 하면, 아이는 평가받기가 두려워 새로운 시도를 하지 않게 된다. 이때는 〈한 자라도 더 가르치는 것〉에 집착하기보다는 서투르더라도 아이가 스스로 좋아하는 것을 찾아 함께 해야 한다. 아이는 놀이와 경험 속에서 세상의 법칙을 배우고 스스로 해답을 찾는다. 아이들에게 놀이는 본능이자 삶이다. 특히 외동아이에게 놀이는 형제를 대체한다.

일상에서 놀이를 하면 더 칭찬할 수 있다

아이와 단둘이 집에 있다 보면 놀아 달라고 보채는데 어떻게 뭘 하며 놀아야 할지 고민될 때가 많다. 그러나 걱정할 필요 없다. 집 안에 있는 모든 것이 장난감이다. 기성품 장난감은 쉽게 질리지만, 자신이 만든 장난감으로는 끊임없이 재미를 만들어 내고 성취감을 느낀다. 지호와 놀 때는 집 안의 물건들을 장난감으로 사용했다. 정형화된 장난감보다 찌그러진 냄비, 숟가락, 플라스틱 용기, 상자, 재활용 병, 신문지, 색연필, 풀, 가위 등을 분리하여 상자에 넣어 두고 아이가 가지고 놀도록 했다. 아이는 혼자 있을 때도 스스로 보물 상자에서 이것저것 꺼내 오리고 붙이면서 새로운 것을 생각해 내고 이를 통해 창의력을 키워 갔다. 싫증나면 과자 하나를 갖고도 재미있게 놀았다. 〈고래밥〉을 먹으며 고래가 몇 마리가 있을까 찾아보고, 고래에 관해서 이야기하고, 고래 그림을 그리고, 좋아하는 노래의 가사를 고래와 관련된 말로 바꿔 부르기도 하고, 직접 고래가 되어 역할극도 했다. 고래에 관한 책을 읽어 주는 것뿐 아니라 놀이를 통해서 지적 자극을 받도록 유도해야 한다. 그렇게 아이와 놀다 보면 아이가 무엇을 좋아하고, 어떤 일을 할 때 집중력이 발휘되는지 알게 된다. 장난감만 가지고 노는 아이에게는 칭찬할 기회가 적지만 아이가 직접 만든 것을 가지고 놀 때는 감탄하고 칭찬하고 격려할 기회가 많아져 자신감을 심어 줄 수 있다. 엄마 생각대로 아이를 이끌지 말고 자유롭게 집중하고 마음껏 창조하도록 지켜보고 기다려야 한다. 정해진 규율과 규칙을 너무 강조하는 부모 밑에서는 자유로운 사고나 호기심을 갖기 어렵다.

또한 이 시기에는 넘치는 에너지를 밖으로 분출해야 하므로 몸을 움직이는 놀이를 많이 했다. 되도록 주변 공원이나 학교 운동장 등 야외에 나가서 함께 운동을 했다. 몸을 많이 움직일수록 뇌에서 행복 호르몬인 엔돌핀이 나와 스트레스를 낮추고 재미와 즐거움을 주며 자신감도 가질 수 있다. 바깥 활동이 어려운 날은 집 안에서도 매트를 깔고 신문지로 만든 공이나 바퀴 달린 운동화 등 소소한 운동 기구를 가지고 놀게 했다. 또한 함께 쓰레기 버리기, 청소하기, 정리하기, 빨래하기, 음식 만들기 등 집안일도 놀이처럼 즐겼다. 그러면 칭찬과 격려할 일이 많아진다. 미네소타 대학교 마티 로스먼Marty Rossman 교수는 〈어릴 때부터 집안일을 도운 아이는 주변 사람들과 관계가 좋으며 학업과 일에서도 성공한다〉고 말했다.

책 읽는 습관을 길러 줘라

직접 경험 못지않게 간접 경험도 중요하다. 경험할 수 없는 세상을 책으로 접함으로써 상상력과 창의력이 생기기 때문이다. 내가 힘들 때마다 책에서 공감받고 위로받고 해결해 나갔듯이 형제가 없어 혼자 있는 시간이 상대적으로 많은 내 아이에게도 인생의 힘이 될 책 읽는 습관을 들여 주었다.

평상시는 물론 잠자기 전에도 시간을 정해 책을 읽어 주었다. 책을 읽어 주면 집중력이 높아지고 책 읽는 소리로 정서적 안정감을 느낀다. 한글을 읽을 수 있다고 해도 글자를 알아보는 것에만 집중하느라 상상력을 키우기 어려우므로 초등학교 저학년 때까지 꾸준히 읽어 주는 게 좋다. 책을 읽어 주는 것이 부모가 자신을 위해 시간을 내준 것이라는 것을 인지하므로 정서적인 측면에서도 효과적이다. 올바른 습관을 들여야 한다며 잔소리를 하기보다 습관과 관련된 동화를 읽어 주고 함께 이야기하면서 실천하도록 체크 리스트를 만들어 적절한 칭찬과 격려를 하면 화내고 잔소리할 일이 줄어든다. 그러면 아이는 자연스레 스스로 하는 아이, 긍정적인 아이로 자란다.

다른 사람이 되는 연습을 시켜라

수줍음이 많았던 지호는 놀이터에 가면 먼저 말을 걸지 못해 놀이터 주변만 맴돌았다. 그 마음을 눈치 채고 내가 먼저 아이들에게 말을 붙이며 놀다 보니 아이 역시 자연스럽게 어울리게 되었다. 아이가 새로운 또래 환경에 잘 적응하면 나는 자연스럽게 빠져 아이들끼리만 놀게 했다. 몇 번 하다 보니 지호는 그 전보다 쉽게 아이들에게 말을 걸었다. 놀면서 싸움이 일어날 경우에도 〈하나뿐인 소중한 내 아이를 감히 누가!〉라는 생각을 안 하려고 노력했다. 직접 나서 문제를 해결하고 싶었지만 아이들끼리 서로 싸우면서 해결하는 방법을 익히게 두었다. 7세까지는 부정적 감정을 처리하는 능력이 부족하므로 그 감정에 대해서는 매일 잠깐씩이라도 시간을 내서 속마음을 꺼내도록 유도했다. 이때 아이의 감정을 읽는 것도 잊지 말아야 한다. 아이들은 부모가 자신의 말에 귀 기울여 줄 때 자신이 가치 있고 사랑받는 존재라고 느낀다.

때론 아이가 잘못한 행동을 하더라도 〈혼자 커서 이기적인가?〉 하는 생각을 의식적으로 접고 〈왜 그렇게 욕심이 많니〉, 〈왜 너밖에 모르니〉라고 비난하는 대신 〈그렇게 행동하면 친구들이 어떻게 생각할까?〉 하며 다른 사람의 입장이 되어 생각하는 연습을 시켜 주었다. 그리고 직접 꾸짖기보다는 〈그렇게 말하면 엄마가 슬프지〉 하며 공감하는 법을 익히게 했다. 〈만약 내가 누구였다면…〉, 〈그런 상황에서 나였다면…〉 등의 상황을 상상하여 자연스럽게 감정을 이입하고 상황을 이해하도록 했다. 아이와 따로 자는 부모는 혼낸 날에는 함께 잠자리에 들어 아이의 속상한 감정을 받아 주는 것이 좋다. 나는 직장 생활을 하면서 많은 시간을 함께 하지 못해, 같이 자는 시간을 활용해 하루 동안 기분 좋았던 일과 나빴던 일에 대해 이야기하며 아이의 감정 상태를 공감했다. 기분 나빴던 일에 대해서는 다독여 주면서 아이가 다시 친구들과 놀 수 있도록 안아 주

고 뭉친 기분을 풀어 주었다. 그러나 2~3세 때와 마찬가지로 친구들과의 관계나 집단생활에 적응하지 못해 엄마만 찾고, 필요한 것이 있을 때마다 떼를 쓰거나 원하는 대로 되지 않았을 때 감정이 폭발해 버린다면 엄마와의 애착 관계가 잘 이루어졌는지, 통제나 과보호가 심했던 건 아닌지 되돌아봐야 한다.

형제가 없는 외동아이에게 이 시기의 놀이는 세상을 미리 경험하고 사회생활을 잘하게 만드는 선물이다. 놀이는 단순히 신체에만 영향을 미치는 것이 아니라 정서 발달, 지능 발달, 사회성 발달 등 두뇌 발달에도 큰 영향을 준다. 세상을 배우는 것이 즐겁다고 느껴야 새롭게 경험할 초등학교의 생활에 두려움이 아닌 호기심을 갖는다.

7~10세
공부하는 아이로 키우고 싶다면 지금이 기회다

공익 광고 〈부모의 모습〉 편에서 다음과 같이 부모와 학부모의 차이를 말했다.

〈부모는 멀리 보라고 하고 학부모는 앞만 보고 가라고 합니다. 부모는 함께 가라 하고 학부모는 앞서 가라고 합니다. 부모는 꿈을 꾸라고 하고 학부모는 꿈꿀 시간을 주지 않습니다. 부모의 모습으로 돌아가는 길, 참된 교육의 시작입니다.〉 사실 아이가 초등학교 들어가기 전까지만 해도 〈부모 역할〉을 하리라고 마음먹었다. 그러나 1학년이 되어 가져 온 받아쓰기 성적 앞에서 나는 부모와 학부모 사이에서 갈등하고 말았다. 당장 눈앞에 보이는 성적이 바로 아이의 미래인 것 같았기 때문이다. 아이를 믿어 주고 자율적으로 봐주는 부모가 되기에는 너무나 막연했고, 〈성적이 성공이고 성공하면 행복〉이라는 공식을 떠올리며 학원이나 사교육이 문제를 해결해 줄 것 같았다. 가방 메고 가는 아이의 뒷모습만 봐도 설레던 내가 공부를 도와주면서 자기 자식 가르치기가 가장 어렵다는 말을 실감하기

도 했다. 지호에 대한 나의 실망감은 아이의 태도 때문에 더 여실히 드러났다. 평상시 즐겁게 지냈던 것과 달리 아이는 나를 피했고 공부를 즐겨야 할 시기에 오히려 재미를 잃어 갔다. 나의 조급함이 기쁘게 배우고자 하는 의욕의 싹을 잘랐던 것이다. 행복과 성적을 모두 잡는 방법은 무엇일까를 늘 고민했다. 어떻게 하면 아이에게 멀리 보며 꿈을 꾸라고 말할 수 있을까?

시험 점수와 아이와의 관계를 바꾸지 마라

7~10세에는 본격적으로 학습에 필요한 이성과 논리의 뇌인 3층의 전두엽이 발달한다. 저학년 때는 주로 언어와 청각이 발달하고, 고학년이 될수록 공간과 입체적 사고, 수학과 물리학적 사고가 발달한다. 자기가 한 일에 대해 주변 사람들로부터 인정과 칭찬을 받고 싶어 열심히 세상을 받아들이고 성실히 학습에 임함으로써 근면성이 발달한다. 외동아이 연구 결과에서는 이 시기를 어른들의 관심 속에 다양한 경험과 자극을 받으며 자아 개념과 지적 호기심이 증폭되는 시기라고 정의한다. 학습 동기에 대한 연구 자료에서도 부모님이나 선생님을 기쁘게 하거나 칭찬을 받으려고 공부한다는 결과가 가장 높게 나타났다. 교육학자 에드워드 데밍Edwards Deming은 〈모든 사람은 자기 일에 자부심을 느끼고 싶어 하며, 쓸모 있는 공헌을 하고 싶어 한다〉라고 말했다. 아이들은 본능적으로 엄마가 좋아하면 뭐든지 열심히 하려고 하고 또 자신에게 책임이 주어지는 것을 좋아한다. 〈나는 네가 이것을 할 수 있다고 믿는다〉는 메시지로 받

아들이기 때문이다.

공부하고자 하는 마음을 키워 주는 데도 7~10세가 가장 적당하다. 그러기 위해서는 아이와 좋은 관계를 맺고 아이를 믿어야 하며, 신뢰를 바탕으로 습관을 만들어 주어야 한다.

공부 습관을 만드는 세 가지 조건

첫 번째, 아이가 공부를 잘하길 원한다면 엄마와 사이가 좋아야 한다. 영국 교육학자 패멀라 퀄터Pamela Qualter는 지능과 성적이 비슷했던 학생들이 고학년으로 올라갈수록 성적 차이가 났는데 그 차이는 정서 조절 능력에서 비롯된 것이었다. 시간 관리, 감정 조절, 스트레스 관리 등 자기 조절을 잘하는 만큼 성적도 좋았다. 이러한 자기 조절 관리는 엄마와의 관계에서 큰 영향을 받는다.

지호가 초등학교 1학년이 되면서 나는 보장되지도 않는 아이의 미래를 담보로 아이의 행복한 현재를 희생시키곤 했다. 그럴 때마다 지금이 행복해야 나중에도 행복하다는 생각으로 마음을 고쳐먹고 하나뿐인 아이를 다른 누구보다 잘 키워야겠다는 욕심을 내려놓으려고 노력했다. 뇌 과학자들은 감정의 뇌를 자극하면 기억력을 담당하는 해마가 활성화된다고 한다. 즉 기분 좋은 뇌가 공부도 잘한다는 것이다. 해마는 짧은 시간 동안 기억을 저장해 두었다가 장기적으로 보관이 필요하다고 생각되는 것만 추려 장기 저장을 하는데, 장기적으로 보관하는 때는 바로 즐겁고 기쁠 때다. 반대로 스트레스 호르몬 코르티솔은 기억과 학습을 담당하는 해마를 손상시킨다. 대면할 때마다 공부하라는 잔소리를 듣거나 시험에서 틀린 개수만큼 체벌을 당한다면 어른보다 더 민감한 뇌를 가진 아이들은 나중에 공부하고 싶어도 잘할 수 없는 상태가 되어 버린다.

나는 다시 아이와 자주 부비고 웃고 떠들면서 함께 있는 시간을 즐겼다. 성적에 대한 욕심을 내려놓으니 작은 노력에도 칭찬하고 격려하게 되었고 고마운 마음이 들었다. 아이도 엄마에게 자랑이 되고자 스스로 성적에 욕심을 가졌다. 시험 점수 때문에 아이와의 관계를 희생하지 말아야 한다. 시험 점수를 잘 받고 싶은 것은 누구보다도 아이이기 때문이다.

두 번째, 아이에 대한 믿음이 있어야 한다. 같은 노력을 했는데도 성적이 잘 나오지 않는 아이들이 있다. 〈공부 머리〉가 있어야 성적도 좋다. 살다 보면 유전적인 요인이 많은 영향을 미치는데 질병이나 재능뿐 아니라 공부도 이에 해당한다. 따라서 엄마들은 성적이나 IQ 등의 객관적인 지표로 〈머리가 나빠서〉라며 아이의 한계를 너무 일찍 결정짓곤 한다. 그러나 인지 신경 과학자 캐시 프라이스Cathy Price는 4년에 걸쳐 청소년 33명을 대상으로 IQ를 연구한 뒤 〈IQ는 고정적인 게 아니라 환경적인 요인에 의해 짧은 기간에도 크게 달라진다〉는 사실을 밝혀냈다. 지능은 한 번의 발달로 그치는 것이 아니라 쓸수록 계속 발달한다. 계속 노력하는 아이는 IQ가 올라가지만, 아무것도 하지 않으려는 아이는 성장하지 않는다. 한편 하버드 대학교 연구 결과, 유전적인 요인 중 가장 영향을 덜 받는 부분이 공부라고 한다. 지능이 학업 성적에 미치는 영향은 초등학교 때는 50퍼센트, 중학교 때는 30퍼센트, 고등학교 때는 20퍼센트라고 한다. 고학년이 될수록 지능이 성적에 영향을 미치는 비율이 낮아진다. 즉 아이의 성적은 유전이나 지능이 아닌 〈공부력〉에 좌우되는 것이다. 타고난 지능도 필요하지만 80퍼센트는 결국 집중력과 인내력, 자기 조절력이다. 우선은 모두가 다른 선상에서 출발한 것을 인정해야 하고, 아이가 편안한 상태에서 집중력과 인내력, 자기 조절력을 얻을 수 있는 환경을 만들어야 한다. 무엇보다도 눈앞에 보이는 성적으로 아이의 미래를 재단하지 말고 아이의 능력이 무한하다고 믿어야 한다.

세 번째, 생활 속에서 자연스럽게 공부하는 습관을 만들어야 한다. 초등학교 과정을 포함해 최소 16년 이상을 공부해야 하는데 엄마가 이 기간 내내 아이를 이끌 순 없다. 공부하려는 마음이 없는 아이를 다그치며 끌고 가면 사이만 나빠지고 무기력감만 늘어난다. 공부는 누구도 대신해줄 수 없는 자신의 일임을 스스로 인식하고 규칙적으로 공부하는 습관을 길러야 한다. 매일 공부하는 습관을 들이기 위해서는 자율감과 성취감을 느끼면서 스스로 관리할 수 있도록 시간과 공간을 잘 짜야 한다.

지호는 초등학교 1학년 때 15분 정도 분량의 학습지를 이용하여 한글과 수학을 공부했다. 고학년으로 올라갈수록 그 시간을 점점 늘려 가며 궁금한 것에 대해 함께 토의하는 식으로 공부했다. 그리고 아이가 직접 쉬는 시간과 공부하는 시간을 조절하게 했다. 시험공부를 할 때는 나도 옆에서 같이 책을 보거나 공부를 했고 쉴 때도 같이 몸을 움직이며 휴식 시간을 가졌다. 고학년이 되면서 집중력이 늘어 갔고 자신에게 맞는 공부 방법을 익히기 시작했다. 동시에 학교에서는 예습과 복습하는 습관을 들여 주었는데, 수업 들어가기 전에 배울 내용에 대해 한 번 읽어 보게 하고, 수업 후 5분간 공부한 내용를 정리해 보는 습관을 잡아 주었다.

직장인 엄마인 나로서는 퇴근 시간까지 아이를 학원에 맡길 수밖에 없었다. 학원을 선택할 때는 공부나 숙제를 할 필요 없는 놀이 중심의 학원으로 정했다. 아이가 배우고 싶은 것을 선택하게 했고 그림, 피아노, 발레 등을 하다가 흥미를 느끼지 못하면 그만두었다. 아이가 꾸준히 재미있어 한 것은 영어와 태권도였다. 퇴근 후에는 학원에서 돌아온 아이와 같이 앉아 간단히 그날그날의 체크 리스트를 점검하면서 하루 동안 잘 지냈는지, 힘든 것이 무엇이었는지 이야기했다.

마지막으로 책 읽기를 함께 해야 한다. 언어와 청각이 발달하는 이 시기의 독서는 아이들의 뇌에 많은 영향을 준다. 저널리스트 리처드 스틸 Richard Steel은 〈독서가 정신에 미치는 효과는 운동이 신체에 미치는 효과와 같다〉며 독서의 중요성을 강조했다. 독서 습관을 길러 준다는 것은 아이에게 다양한 간접적 경험을 안겨 준다는 뜻이다. 독서는 고학년이 되어 수학이나 사회 등의 사고력을 요하는 과목을 공부할 때 문장과 정보 이해력, 각각의 정보를 연결시키는 능력을 기르는 데 좋은 토대가 된다. 책 읽기는 모든 공부의 시작이다.

주도적으로 했다고 생각하게 하자

공부 습관과 경험은 자신이 주도적으로 만들었다는 생각을 갖게 해야 한다. 공부 습관을 들이는 것은 지식을 떠먹여 주는 것이 아닌 지식이 담길 그릇을 만들어 주는 것이다. 지호는 자기가 부족하다고 느끼는 것만 도움을 청하고 나머지는 스스로 했다. 공부와 숙제는 물론 무엇이든 엄마 손을 거치지 않고 혼자 해보려고 노력했다. 아이들은 처음부터 어려운 과제를 주면 배우는 즐거움을 느끼지 못한다. 3학년인데도 2학년 과정을 잘 이해하지 못한다면 따로 수업을 받는 게 좋다. 공부도 게임처럼 적절한 난이도를 제시하고 이에 대한 보상이 따를 때 성취감을 느끼는 법이다.

자기 주도 공부 습관은 차츰 늘려야 하는데, 3학년 정도면 자기 주도성을 50퍼센트부터 시작하는 게 좋다. 이를 위해서는 초등학교 저학년 때부터 습관을 들여야 한다. 나는 지호가 1학년 때 받아쓰기는 물론 안내장도 봐주지 않았다. 준비물은 스스로 챙기게 하고 잘 안 되는 것이 있으면 다시 하도록 지켜봤다. 내가 하는 것은 조언과 칭찬 정도였다. 때로는 아이가 선생님 역할을 하고 나는 학생 역할을 하면서 학교에서 배운 것을 자랑할 기회를 주었다. 다만 엄마가 해보니까 공부는 이렇게 하는 것이 효과적이더라 하면서 조언하는 것도 잊지 않았다. 아이의 성적은 점차 좋아졌고 성취감도 올라갔다. 하나씩 성장해 가는 모습을 보면서 같이 기뻐하고 격려했더니 자신이 엄마에게 뿌듯한 존재임을 느꼈다. 엄마는 아이가 해낸 것을 칭찬하고 격려하는 치어리더가 되어야 한다.

11~13세
잘하는 것을 찾게 하라

11~13세가 되자 지호는 엄마 아빠와 많은 시간을 보내던 저학년 때와 달리 친구들과 놀이공원을 가거나 영화를 보면서 여가 시간을 즐겼다.

외동아이에게 친구는 형제나 마찬가지이기에 형제 있는 아이보다 친구의 영향력이 훨씬 크다. 지호도 고학년이 되자 친구들과 깊이 사귀면서 같이 어울리는 시간이 많아졌다. 그러면서 은근히 친구들과 자신을 비교했다. 어느 날 〈엄마 내가 잘하는 게 뭐가 있을까?〉 하며 어깨를 축 늘어뜨리고 시무룩해 있었다. 순간 내 아이가 〈뭐를 잘 하더라〉 생각해 보았다. 학예회 준비를 하는데 다른 아이들보다 웨이브 동작이 안 된다고 했던 말이 생각났다. 춤도 잘 안 되고, 미술 시간에는 그림도 제대로 못 그린 모양이었다. 꼭 안아 주며 〈잘하는 게 뭐 있을까? 웃는 거 잘하고, 먹기도 잘하고, 잠도 잘 자고, 똥도 잘 누고〉라고 말하니 〈에이 뭐야…〉 하면서 피식 웃었다. 뇌의 발달로 사고력이 향상된 아이는 주변에서 비교하지 않아도 친구, 가족 주변 사람들과 자신을 스스로 비교하며 열등감을 갖기 시작한다.

잘할 수 있는 것에 더 가치를 두어라

또래 엄마들 중에는 아이가 반에서 두각을 나타내며 잘하고 있음에도, 어느 한 가지라도 빠짐없이 완벽해야 한다고 생각하는 사람이 있다. 즉 잘하는 것보다 못하는 것에 집중하는 것이다. 학교는 교육이라는 이름으로 개인차를 무시하고 일괄적으로 뭐든지 잘해야 하는 구조를 만들어 그 안에서 아이들에게 상처를 주고 있다. 학교 성적을 중시하는 엄마 밑에서 엄마 주도적 삶을 살았던 아이들은 자신이 무엇을 잘하는지, 무엇을 하고 싶은지, 왜 그렇게 생각하는지 알지 못한다. 이러한 수동적인 태도에 익숙해진 아이들은 자존감보다 열등감을 갖기 쉽다. 후두엽 발달로 과학이나 수학 등 사고력과 논리력, 추상적 사고 능력이 향상됨과 동시에 차츰 자신에 대한 생각이 생기면서 주변 사람들과 비교한다. 친구들과 함께 지내면서 자존감을 키우고 사회성도 키워 가지만 성적이나 자신의 재능, 친구들로부터의 인기 등을 비교하며 열등감에 빠지기도 한다. 자신과 친구뿐만 아니라 〈누구 엄마는 이렇다〉 하며 다른 엄마나 집안의 경제 형편까지 비교하기도 한다. 이처럼 아이는 자아 중심성에서 벗어나 다른 사람들의 시선과 생각을 의식한다. 한 연구에서는 3학년부터 자아 존중감이 낮아지기 시작해서 6학년에 이르면 매우 감소한다고 하는데 이는 또래와의 활동량이 늘어나면서 생기는 과정이다.

보건실에 J가 머리가 아프다며 찾아 왔다. 그런데 표정을 보니 금방이라도 울 듯했다. J는 공부도 잘하고 항상 반듯한 아이였다. 한 가지 걸리는 것은 학습지에 정답을 적어 내는 것은 잘 했지만 자신의 생각을 적으라고 하면 난감해 하고 제대로 하지 못했다. J는 6학년이 되면서부터 시험 기간만 되면 계속 화장실을 가고 싶고 점점 심해진다고 했다. 그날도 시험 기간이었는데 아이는 시험을 보다가 화장실에 갔고 다시 교실로 돌아가지 못하고 보건실로 온 것이다. 외동인 J는 엄마가 자신만 바라보고 뭐든지 해주는데, 요새 들어 시험 성적이 떨어지고 잘하는 것도 없는 것 같고 친구들도 자신을 따돌리는 것 같아 너무 힘들다고 했다.

외동이어도 자신감 있게 잘 지내는 아이가 있다. 그런 아이들은 대체로 자기 자신을 올바르게 알고 다른 사람들이 자신과 다르다는 것을 인정하며, 자신도 다른 사람들처럼 잘하는 무언가가 있다고 생각하는 긍정적인 아이들이다. 그것은 모자란 부분에 집중하는 것이 아니라 잘하는 것에 더 가치를 두는 것이다. 하지만 11~13세의 시기에 자존감보다 열등감이 자라나면 사춘기 자신의 모습에 적응하지 못하고 포기해 버린다. 자존감이 학습 동기로 이어지고 긍정적인 힘으로 이어지려면 부모가 먼저 아이를 긍정해야 한다. 긍정의 마음은 잘하는 것을 찾으려는 데서 시작한다.

자존감을 키우려면 아이가 좋아하는 것과 잘하는 것을 한 가지라도 찾아 내 그것이 공부건 다른 활동이건 잘하도록 해야 한다. 〈승수 효과〉라는 것이 있다. 한 분야에 능력을 발휘하면 자존감이 높아져서 다른 분야에서도 잘하려고 노력하는 것이다. 즉 수학에서 1등을 하면 다른 과목에서도 1등을 하기 쉽다는 말이다. 코넬 대학교의 스티븐 세시Stephen Ceci는 승수 효과에 관해 한 예를 들었다. 조금 공부를 잘한 아이는 이 〈잘한다〉는 느낌 때문에 공부를 좋아하게 되고, 좋아하면서 배우는 기쁨을 느끼게 되고, 그래서 더 잘하게 되고, 그래서 공부에 더 특별한 느낌을 갖고, 더 열심히 한다는 것이다. 승수 효과의 첫 고리는 〈자신이 특별히 더 잘한다는 느낌〉이다. 잘한다는 느낌은 선순환을 그리는 중요한 첫 단추이다. 그리고 그 첫 단추는 공부뿐만 아니라 운동, 음악, 성품 등 여러 가지 상황에서 선순환될 수 있다.

각자의 자리에서 1등이 되는 법

실제로 재능은 어떻게 만들어질까? 타고날 때, 일찍 시작할 때, 더 많이 연습할 때 그리고 실력과 상관없이 잘한다는 칭찬을 받을 때 발달한다. 부모의 전폭적인 지지를 받고 자라는 외동은 성취동기와 자존감이 월등히 높다는 연구 결과가 있다. 어떤 형태로든 〈잘한다〉는 것은 객관적 사실이 아니다. 〈특별하다〉 역시 주관적인 느낌이다. 하지만 스스로 잘한다는 느낌을 가지면 승수 효과에 의하여 자신감이 올라가고 자존감이 높아진다. 그러면서 아이는 그와 관련된 꿈을 가진다. 꿈을 가지면 아이는 인내한다. 그 지루함을 이겨 낼 힘은 바로 자신이 원하는 미래를 상상하는 데서 온다. 꿈을 가지면 아이는 대학생이 된 모습, 어른이 되어 자신이 원하는 일을 하면서 성공하는 모습을 그리게 된다. 미국 예일 대학교에서 입학 당시 자신의 목표를 구체적인 글로 작성한 학생은 전체 학생 중 3퍼센트에 불과했다. 그런데 25년 후에 이들이 소유한 재산은 나머지 97

퍼센트 학생의 재산을 모두 합한 것보다도 더 많았다. 구체적 생각과 목표, 계획, 행동과 실천 그리고 반드시 이루어질 것이라는 확신 등이 그것을 가능하게 했던 것이다.

저학년 때는 다양한 경험을 통해 잘하는 것이 무엇인지를 알 수 있고 꿈을 엿볼 수 있다. 고학년 때는 자신이 좋아하는 활동이 생긴다. 이때 부모는 좋아하거나 재능 있는 것을 선택하도록 돕고 인내를 통하여 아이가 잘한다는 느낌을 갖게 해야 한다.

꿈은 구체적일수록 좋다. 꿈의 크기를 보여 주는 것은 부모다. 아이들에게 나중에 무엇이 되고 싶냐고 물으면 가수나 연예인이라고 말하는데 이는 TV 속에 나오는 연예인들만 접하기 때문이다. 고학년이 되면 오히려 더 많은 진로 경험이 필요하다. 진지한 소통을 하기 위해 여행도 떠나 보고, 다양한 놀이 문화를 경험시켜 주며 꿈 찾기를 도와야 한다. 어떤 것을 배우고 싶다면 배우게 해야 한다. 한 가지를 꾸준히 6개월 정도 집중적으로 배우면 자기에게 맞는 재능이나 꿈을 찾고 구체적으로 계획하는 데 도움이 된다.

아이가 스스로 자신의 성향을 제대로 파악할 수 있는 방법을 알려 주는 것도 필요하다. 성격 유형 검사인 MBTI(성격 유형 지표), 애니어그램, 다중 지능 이론 검사 등이 있다. 이 검사를 해보면 아이는 자신이 어떤 성향인지, 자신이 무엇에 재능이 있는지를 진지하게 생각한다. 교육학자 하워드 가드너Howard Gardner의 다중 지능 이론에 의하면 사람은 기존의 IQ에서 사용하던 읽기, 쓰기, 암기 등 단순한 지적 영역 외에도 다양한 지능을 갖고 있다고 한다. 가드너는 인간의 지능을 언어 지능, 음악 지능, 논리 수학 지능, 공간 지능, 신체 운동 지능, 인간 친화 지능, 자기 성찰 지능, 자연 친화 지능 등 8가지로 나누었다. 이 이론을 기반으로 성공하는 사람들을 분석한 결과 3가지의 공통점이 발견되었다. 〈타고난 재능〉, 〈자기가 좋아하는 것을 즐기는 것〉, 〈어려운 것을 극복하고 자신을 돌아보는 성찰 능력〉이 성공을 결정짓는 열쇠였다. 박지성은 어릴 때부터 축구를 좋아했고 높은 운동 지능과 자기 성찰 지수를 보였다. 유재석은 어릴 때부터 사람들을 좋아했으며 인간 친화 지능과 자기 성찰 지수가 높았다. 부모는 아이가 무엇을 좋아하는지, 어디에 재능이 있는지를 파악하기 위해 끈기 있게 노력하게 해야 한다.

가장 큰 선물은 자신이라는 좋은 친구

행복 지수 세계 1위 덴마크가 가장 행복한 나라가 된 이유는 자신의 적성을 찾게 하는 교육 때문이라고 한다. 덴마크 자유 학교 졸업생 하나는 〈학교는 각자의 개성을 인정했죠! 덕분에 저 자신에 대해 생각했고 꼭 이루고 싶은 꿈을 찾았어요〉 하고 말했다. 프랑스에서 예술의 거장으로 불리는 모리스 슈발리에Maurice Chevalier는 〈다른 사람들은 목청으로 노래했지만 나는 심장으로 노래했다〉고 말했다. 학교도 제대로 나오지 못했지만 최고의 뮤지컬 배우가 된 이유는 노래에 목숨을 걸었기 때문이다. 우리는 흔히들 목숨을 걸 정도로 미쳐야 한다고 이야기한다. 사람들은 좋아하는 것을 할 때 미칠 수 있다.

아이가 고학년이 되면 엄마들은 다급해진다. 반면 아이들은 주변 친구들에 의해 꿈이 바뀌거나, 자신이 어떤 재능이 있는지 무엇을 하고 싶은지 잘 모른다. 하지만 이 시기의 아이들에게는 정상적인 현상이다. 나무가 꽃피는 시기가 다 다르듯 아이마다 재능이 나타나는 시기도 다르다. 아이가 관심을 가지는 분야를 찾아가는 시기임을 기억하고, 언젠가는 꽃이 필 것이라고 믿으며 조급해하지 말아야 한다.

어느 것이 먼저든 좋아하는 것, 재능, 그리고 인내력의 삼박자가 맞았을 때 그 분야에서 소위 말하는 성공한 사람이 된다. 아무리 똑똑한 사람도 모든 직업을 다 가질 수 없다. 한 가지 일을 잘하면서 살면 된다. 재능이 있고, 자기가 좋아하는 것을 꾸준히 할 때 우리는 잘 산다고 말한다. 자신을 긍정적으로 봐야 재능과 꿈이 자란다. 꿈이 있는 사람은 시험을 〈목표〉가 아닌 〈성장의 과정〉으로 여기고, 시험 성적 하나에 일희일비하지 않고 더 나은 미래를 계획하고 집중한다. 꿈을 품은 아이들의 얼굴은 생기로 빛난다. 외동아이를 키우다 보니 형제를 기르는 가정보다 상대적으로 여유롭게 경제적으로 지원할 수 있어 무엇을 잘하고 어디에 관심이 있는지를 꾸준히 파악할 수 있었다. 체험형 학습 활동, 피아노, 바이올린, 발레, 태권도, 스키, 영어 등을 하면서 아이는 자신의 재능과 하고 싶은 것을 찾아갔다.

〈엄마 내가 잘하는 게 뭐가 있을까?〉 하며 시무룩했던 지호에게 나는 이렇게 대답했다. 〈영어도 잘하고 스키도 잘 타고, 잘하는 거 많지.〉 그러자 수긍하듯이 끄덕였다. 〈스키를 왜 잘 탈까? 네가 좋아해서 다른 아이들보다 열심히 연습을 해서 그래. 마찬가지로 너보다 그림을 잘 그리고 피아노를 잘 치는 아이들은 그것이 재미있어 너보다 연습을 더 많이 한 거야. 누구에게나 시간은 24시간 똑같이 주어져. 무엇인가를 잘하는 아이들은 그것을 좋아하고 시간을 들여서 노력하여 자기의 재능으로 만들어 내는 거야.〉 잘한다는 것은 좋아하는 일을 포기하지 않는다는 뜻이다. 꾸준히 노력하다 보면 그것이 재능이 되고 직업이 된다. 『외동의 미래The Future of Your Only Child』의 저자인 심리학자 칼 피카드트Carl Pickhardt 역시 〈외동이 어린 시절에 받는 가장 큰 선물 중 하나가 스스로를 좋은 친구로 여기는 것〉이라고 주장했다. 자신의 장점에 집중하고 그것을 위해 더 연습하고 노력하게 하려면 우선 좋아하는 것을 찾도록 도와야 한다.

13~15세 감정을 읽어라

아이는 TV나 게임에 몰두하느라 밥 먹으라는 소리도 듣는 둥 마는 둥 했다.

친구들과 전화하거나 문자 메시지를 주고받느라 정신없었다. 여기 저기 벗어 놓은 교복에 양말, 속옷까지 아무렇게나 널려 있는 방을 보면 속이 부글거리고 도저히 예뻐하려야 예뻐할 수 없었다. 의도치 않게 아이의 자존심을 건드리는 날에는 온갖 짜증에 한바탕 소란을 피우고 〈나 사춘기야〉라며 방으로 들어갔다. 아이가 사춘기니까 이해하자고 하지만 나도 참았던 감정이 폭발하곤 했다. 딸과 쌓아 온 관계를 믿고 방문을 지긋이 열고 〈아, 어쩌나 엄마는 오춘기인데…〉 하며 농담을 건네면 아이는 자신이 왜 이러는지 모르겠다며 사과하고 달라지는 자신의 모습이 혼란스럽다고 했다.

산 너머 산이라고, 초등학교 때까지 곧잘 하던 공부는 아예 손을 놓은 듯 빈둥거리며 백수 생활을 했다. 그런 시간이 계속되자 심란해져 가슴이 까맣게 타버리는 느낌이었다. 아니나 다를까 중학교에 들어가면서 적나라하게 등수가 나오는 시험 결과에 앓아 눕는 엄마가 나오기도 하고, 내 아이 맞나 싶을 정도로 변해 버린 모습에 지친 마음을 위로받고자 종교를 찾는 엄마도 생겼다. 변하는 아이를 곁에서 지켜보는 것은 부모에게도 쉽지 않은 일이다. 그러나 자세히 들여다보면 엄마에게도 문제가 있다. 외동아이와 깊은 유대와 친밀감을 쌓아 온 엄마들은 이 시기 아이들이 자신과 분리되어 친구들과 지내는 시간이 많아지면 불안을 느끼고 여전히 말 잘 듣는 아이로 남아 있길 바라는 경향이 있다. 하지만 그런 생각은 엄마와 아이 사이에 갈등의 불을 지핀다. 아이 또한 사춘기 호르몬 변화로 인해 하루에도 열두 번씩 변하는 마음을 어떻게 다뤄야 할지 모른다. 부모로부터 이해받지 못한다고 느끼면 친구에게서 이해받길 원한다. 부모로부터 홀로 서기를 시작해야 하는 시기에 아이와 어른의 중간에서 방황만 한다면 자신의 정체성을 찾기가 점점 힘들어진다.

자신을 들여다보는 시간을 주어야 한다

아이를 이해하려면 우선 사춘기의 뇌를 알아야 한다. 초등학교 5~6학년 때 시작하여 중학교 3학년까지는 아이에서 어른으로 넘어가는 과도기다. 어른의 몸이 되어 간다고 감지하면 뇌에서는 성 호르몬과 성장 호르몬을 내보내는데, 그로 인해 신체적으로나 정서적으로 변화가 일어난다. 아이들은 헐크나 피오나처럼 갑자기 남성스럽게 또는 여성스럽게 변해 버린 자신의 모습이 너무나 낯설어 어찌할 줄 모른다. 어느 날 문득 생긴 여드름, 갑자기 터진 생리나 몽정 등 매일 바뀌는 신체 변화를 겪으며 〈나는 어린이인가 어른인가〉 하며 혼란을 겪는다. 신체 발달과 함께 뇌에서는 어른이 되기 위한 또 한 번의 커다란 변화가 생긴다. 이성을 담당하는 전두엽보다 감정을 담당하는 2층의 뇌 편도체가 더 발달하는 것이다. 따라서 이때의 아이들은 이성적인 판단이나 생각을 하기보다는 충동적이고 감정적으로 반응한다. 즉 멀리 보기보다 현재 지금 당장 내 기분이 좋은지, 재미가 있는지만을 판단해 행동한다. 쉽게 흥분하고 집중을 못 하거나 밤늦게 놀고 싶어 하고 아침에도 잘 일어나지 못한다. 즉 몸도 변화하는 만큼 감정도 예민해져 감정과 생각, 행동의 균형이 흐트러진다. 또 잠을 많이 자서 게을러 보인다. 수면을 자극하는 멜라토닌 호르몬이 약 2시간 후로 미루어져 분비되기 때문에 평소보다 늦게 잠들고 늦게 일어나게 되는 것이다. 시각 기능을 담당하는 후두엽의 발달로 자신과 친구의 외모를 비교하고 이에 관심을 기울인다. 친구와 같은 브랜드의 옷을 구입하고, 아이돌이나 운동선수에게 빠져서 팬이 된다. 이러한 신체적, 정신적 변화로 인해 어떻게 해도 피할 수 없는 혼돈과 불안이 밀려온다.

사춘기는 반항만 하는 시기가 아니다. 아이에서 어른으로 태어나는 제2의 탄생기다. 나는 누구이고, 무엇을 해야 하고, 어떻게 살아야 할지 알기 위해 〈아이〉를 거부하고 〈어른〉으로서의 자아를 찾아가는 시기다. 프랭크 바움Frank Baum의 『오즈의 마법사The Wizard of Oz』에는 주인공 도로시와 오즈에서 만나는 세 친구 허수아비, 양철 인간, 사자가 나온다. 그들은 각자에게 결핍된 가치인 지성, 인정, 용기를 서로에게 얻으리라 기대하며 동행에 나선다. 그리고 오즈라는 환상의 세계를 여행하면서 자신들이 추구한 가치가 이미 자신 안에 있음을 깨닫게 된다. 오즈의 친구들처럼 아이들도 자신 안에 소중한 보물이 있다는 것을 깨달아야 한다.

이 과정에서 아이는 세상에 거부감이 들어 혼란스럽고, 때론 무기력해지기도 한다. 하지만 그 또한 자신을 찾아가는 과정이다. 정체성은 13~15세에 충분히 고민하고 혼란스러워해야 올바르게 확립된다. 심리학자 마샤 리네한Marsha Linehan은 이런 〈건강한 혼란〉을 통해 비로소 진짜 나와 마주한다고 했다. 이 시기엔 꿈이 없거나 자신의 적성이 뚜렷하게 드러나지 않는 아이들이 많다. 하지만 혼란의 시기이며 충분히 고민해야 할 시간이라 깊게 고민하지 않으면 나중에 하고 싶은 것이 생겼을 때 기회가 주어지지 않을 수도 있다. 아이가 힘들어하거나 아파하는 것이 보기 힘들어 대신 해주거나 길을 정해 주면 앞으로도 자신의 길을 찾지 못해 훗날 직업을 선택하는 것부터, 인간관계에 이르기까지 어려움을 겪는다. 그 전까지는 세상의 기대, 부모의 기대에 맞춰 살았다면 13~15세부터는 어른으로써 자신의 삶을 살아가기 위해 준비해야 한다. 이를 위해서 다양한 체험 즉 여행, 취미 생활, 독서 등으로 많은 경험을 하는 것이 좋다. 이러한 필요성을 느껴 자유 학기제가 생기고 학교도 변화하지만, 가장 필요한 것은 엄마들의 의식 변화다. 성적이 좋은 아이보다 스스로 단단하게 여무는 아이가 성공하는 어른이 된다. 그 길에서 부모는 아이가 안전한지 지켜봐 주고 늦더라도 다시 자기의 길을 찾을 때까지 기다려야 한다.

틈나는 대로 얼마나 사랑하는지 알려 주자

사춘기에는 부모로부터 분리되어 자유롭고자 하는 욕구가 발달하므로

아이의 자율성을 존중해야 한다. 사춘기 때는 누구나 반항한다고 생각하지만 모두가 사춘기를 심하게 겪는 것은 아니다. 아이의 성향에 따라서도 다르겠지만 사춘기 전까지 부모로부터 많은 규제와 통제를 받았던 아이들이 더욱 심하게 앓는다. 그동안 받았던 잔소리, 압박 등 쌓였던 부정적인 감정이 자극제가 되어 튀어 오르는 것이다. 지인 중 아들 하나를 둔 엄마는 모범생 타입인 자신처럼 말 잘 듣던 아들이 사춘기에 접어들면서 반항에 가까운 자유분방한 옷차림과 머리 염색을 하고 다니자 잔소리와 협박으로 통제했더니 더 강하게 반발하며 결국 가출까지 했다고 한다. 아이를 자신의 기준으로 재단하여 만족스러우면 인정하고, 그렇지 않으면 거부하는 행동은 사춘기가 되면서 전쟁으로 번진다.

트리나 포올러스Trina Paulus의 『꽃들에게 희망을Hope for the Flowers』에서처럼 아이들에게 희망을 보게 해야 한다. 아무런 의미 없이 살아가던 줄무늬 애벌레는 새로운 삶을 찾아 나섰다가 높은 애벌레 기둥을 발견한다. 그 기둥에 오르면 무언가 의미 있는 것을 발견하게 될 것이라는 생각에 치열한 경쟁을 하며 기둥 끝을 향해 오르기 시작한다. 마치 그곳이 행복일 것만 같아서 먼 곳을 바라보며 올랐지만, 사실 그 기둥은 인간이 만든 기둥일뿐 그 끝엔 아무것도 없었고 줄무늬 애벌레는 결국 나비가 될 수도 없었다. 자기다운 나비가 되는 법, 〈내가 되는 법〉을 아이에게 알려 주자. 친구와 가족과 맺는 좋은 관계 속에서 자신의 가치를 찾아내게 하자. 그것은 부모에게 달려 있다.

의논할 형제가 없이 혼자서 사춘기를 겪어야 하는 아이에게 그 어느 때보다 상황과 마음을 이해하는 것이 필요하다. 친구들이 갖는 비싼 물건을 사달라고 무리한 요구를 할 때조차도 먼저 거절하기보다는 〈좀 더 생각해 보자〉 하면서 상황을 이해시키고 감정에 호소하는 것이 좋다. 융통성 있고, 유연한 사고방식을 가지면 아이가 가치와 신념에서 벗어나는 행동을 하더라도 훨씬 쉽게 받아들인다. 아무리 부드러운 소리로 해도 아이에게는 잔소리가 되므로 대신 사회적 지명도가 있는 사람들의 좋은 말들이 적힌 명언 카드를 좋아하는 간식과 함께 만들어 내밀어 보자. 엄마가 하면 잔소리가 되지만 사회적으로 유명한 사람이 한 말은 아이에게 또 다른 의미로 다가갈 수 있다.

13~15세 사춘기의 아이를 대할 때는 이성적으로 대해야 한다. 하루에도 열두 번 마음이 바뀌는 아이에게 똑같이 감정적으로 대하다 보면 전쟁이 불가피하다. 아이의 감정에 맞받아치기보다 넉넉한 잣대로 스스로 성숙해질 때까지 기다리고 공감하고 격려해야 한다. 부모로부터 벗어나 원하는 방향을 고집하고 부모와 반대되는 행동을 하지만, 그러면서도 마음 깊은 곳에서는 진정한 관심을 기울여 줄 사랑을 원한다. 혼란스러운 모습도, 재능이 없는 모습도 부모가 받아들여 줄 때 아이는 혼란을 멈추고 어제보다 나은 자신을 찾아간다.

틈나는 대로 얼마나 사랑하는지를 알려 주자. 인생의 어느 시기보다 사랑이 필요한 때다. 이렇게 생각해 보자. 내 아이가 좋은 신체를 가진 어른이 되려고 뼈가 자라고 근육이 자라고 있다. 작은 몸이 자라나려니 온몸의 곳곳이 가려워서 미친다. 가려운 곳을 긁어 주지는 못해도 〈어디가 가렵구나〉 하고 아이의 변화를 공감하고 기다리고 안아 주자. 그럴 때 아이는 존중받는다고 느끼고 마음이 편안해진다.

16~19세
좋아하는 일을 지원하라

사춘기를 잘 지냈어도 또 하나 넘어야 할 산이 있다. 고등학생 때 해야 하는 진로 선택이다.

우리나라 고등학생 중 70퍼센트가 대학을 들어갈 정도로 요새는 누구나 대학을 간다. 따라서 입시는 단순 대학 입학이 아닌 주요 명문 대학을 가기 위한 경쟁이다. 입시 경쟁이 당연히 뜨거워질 수밖에 없고 성적은 아이들 스트레스의 가장 큰 원인이다. 현재의 교육 체계 안에서 성적은 아이들을 평가하는 가장 큰 기준이며 무언가를 할 때 가장 먼저 고려할 정도로 비중이 높다. 이 때문에 아이들은 자신에게 맞는 직업과 적성, 흥미에 맞는 대학을 고르기보다는 소위 〈명문 대학 가기〉에 열중한다. 각 학급에서 SKY 대학에 진학하는 학생은 극소수이며, 그렇지 않은 아이들이 다수임에도 불구하고 아이들은 진로 앞에서 〈루저〉가 된다. 이렇게 성적에 맞추어 들어간 대학을 졸업해도 취업의 문 앞에서 수많은 스펙을 쌓으면서 줄 서는 게 현실이다. 낭만적인 대학 생활을 즐기고 기업에서 줄 서서 학생들을 데려가던 시절은 먼 나라 이야기가 되었다. 서울대 학생이 공무원 9급 시험을 준비하고 전교 1등 학생의 꿈이 교사가 되는 등 좋은 대학을 나와도 자신이 원하는 일을 선택할 수 없는 저성장 사회가 되었다. 학교를 졸업하고도 일자리를 구하지 못한 청년 백수가 현재 100만 명이 넘는다. 이런 상황에서 나는 감히 아이들에게 자신만의 길을 찾아야 한다고 말하고 싶다.

좋아하지 않는 일이 직업이라면 평생 괴로울 것

16~19세 아이들은 사회적, 도덕적, 신체적으로 어른이 될 준비를 한다. 그중에서 진로나 직업 선택은 중요하다. 진로 결정은 고등학교 졸업 후 인생을 결정짓는 큰 요인이며, 진로 목표가 평생의 직업이 되기도 하므로 자신의 삶의 목표와 잠재적 능력을 바탕으로 신중하고도 구체적인 진로 목표를 세워야 한다. 자신의 능력과 흥미, 적성, 성격, 가치관, 신체적 조건, 가정환경 등을 고려하여 계획을 세우고 이에 대해 정보를 수집하고 충분한 탐색 기간을 거쳤을 때 아이는 삶에 열정을 갖는다.

그러나 현실은 진로 선택 시 개인의 능력이나 흥미보다 학교 성적이나 가정 상황 등이 우선이다. 왜 대학에 들어가야 하는지도 모르고 꿈을 상실한 채 누구나 가니까 나도 가야 한다는 목표 하나만 가진다. 고등학교 때까지 내내 공부만 하다 보니 갑자기 진로를 선택해야 할 순간에 자신이 무엇을 좋아하고 잘하는지 몰라 혼란을 겪는다.

아이가 자신의 진로를 제대로 선택하지 못하는 이유에는 〈정보 부족〉

도 있다. 우리나라의 2만여 개 직업 중 학생들이 일상생활 속에서 볼 수 있는 것은 수백 개에 그친다. 그래서 아이들은 연예인과 의사, 검사 등 미디어를 통해 접한 직업만이 전부인 줄 알고 부모 역시 마찬가지이다. 또한 재능이나 흥미, 적성과 상관없이 성적에 따라서 사회적으로 인정받는 직업을 선택하곤 한다. 그러나 안정적이어서, 돈 많이 벌어서, 남들이 좋다고 해서 성적이나 부모의 의견에 따라 선택했던 진로를 대학에 입학하거나 직장에 들어가고 나서야 재고하는 경우가 많다. 아무리 안정된 공무원이거나 대기업에 다닐지라도 자신의 성향 파악을 하지 못한 채 시작한 직업이라면 결국 그만두거나 새로운 방법을 모색하게 된다. 목표로 했던 직업을 가지고도 만족하지 못하는 것은 외부의 이유로 진로를 선택했기 때문이다.

페이스북 창업자 마크 주커버그Mark Zuckerberg는 벨레 헤이븐 커뮤니티 스쿨 졸업 연설에서 진짜 하고 싶은 것을 한다면 모든 것이 쉬워진다고 했다. 한 연구 기관에서도 1천500명 중 억만장자가 101명이 나왔는데 자기가 좋아하는 일을 직업으로 삼은 사람들이었다. 그만큼 자신이 좋아하고 적성에 맞는 일을 하는 것이 필요하다.

행복한 인생을 사는 데 중요한 요소로 가족, 친구, 직업을 꼽는다. 그중 일은 개인의 행복한 삶과 자아실현에 필수적이다. 어쩌면 자신의 분신과 같이 평생을 함께해야 한다. 좋아하는 일도 생계와 연결되면 스트레스를 받는데, 좋아하지도 않는 일을 단순히 생계를 위해 평생 해야 한다면 얼마나 삶이 무가치하게 느껴지겠는가. 사랑하는 사람과 함께 살지 못하는 것과 같다. 나는 누구나 가는 바늘구멍 앞에 아이를 줄 세우며 다그치고 싶지 않았다. 외동아이였기에 잘하고 좋아하는 것을 찾아 그것을 직업으로 삼게 지원할 수 있었다. 좋아하는 것을 하다 보면 자신의 직업을 찾을 것이라고 생각했다. 다양한 경험을 통해서 자신이 하고 싶고 잘하는 일을 찾길 원했다. 남들이 가는 똑같은 길을 갔을 때 가장 빨리 가는 사람은 그 일을 좋아하는 사람이라고 한다. 하고 싶다고 생각하는 사람과 해야만 한다고 생각하는 사람의 차이는 분명하다.

시간을 낭비하는 한국 학생들

미래학자 엘빈 토플러Alvin Toffler는 한국 학생들은 미래 필요하지도 않은 지식과 직업을 위해 하루 14시간 공부하며 시간을 낭비한다고 말했다. 그 말에 공감하지만 그렇다고 학교에 안 보낼 수도 없다. 미래에 쓰일 진정한 실력을 키워 주어야 한다. 그것은 대기업이나 좋은 직장에 다니는 것이 아닌 자신만의 콘텐츠를 만드는 일이다. 일자리는 시대가 변화함에 따라 달라지지만, 직업은 변하지 않는다. 자신을 들여다보고 자신을 채워 줄 직업을 찾아야 한다. 요즘 세상에 뜨는 직업이 무엇일까를 보는 것이 아니라 자신이 잘하는 것을 찾아서 직업과 연결시켜야 한다. 그 첫걸음은 아이가 좋아하는 것이 무엇인지 고민할 시간을 주는 것이다.

이 시기의 지호 역시 고민하기 시작했다. 〈엄마, 나 무엇을 하면서 살 수 있을까? 아직까지 잘하는 것이 무엇인지, 하고 싶은 것인지 모르겠어.〉 막연했던 꿈꾸기에서 구체적으로 어떤 직업을 갖고 평생 살아갈지를 생각하기 시작한 것이다. 나는 아이 스스로 자신을 이해하도록 도왔다. 어떤 일에 소질 있는지, 어떤 일을 할 때 쉽게 배우고 상대적으로 잘할 잠재력이 있는지, 어떠한 사물이나 일에 대해 특별히 관심이 있는지, 어떤 성격을 지녔는지, 성향이 내향적인지 외향적인지, 어떤 신념이나 믿음을 가졌는지, 어떤 신체적 조건을 가졌는지 등 관심을 가지고 꾸준히 대화했다. 아이는 자신이 분석해 본 흥미, 적성, 가치관 등을 이야기했고 나도 엄마로서 바라본 아이에 대해 이야기했다. 학교에서는 심리 검사 도구를 활용했다. 아이는 홀랜드 검사, 직업 흥미 검사, 직업 적성 검사는 물론 직업 체험 등 다양한 경험을 통해 직간접적으로 자신을 탐색해 나갔다. 관심 있는 직업에 대해 알아보고 직접 체험해 본다거나 그 분야의 전문가를 찾아 최신 정보를 접했다. 덴마크의 카우스 파일런 학교는 프로젝트 수업 방식으로 사회 문제를 찾아내서 그 이론과 기술을 가르치는 경험 중심의 학교이다. 그 학교의 졸업생 중 하나는 〈평소 잊었던 꿈을 명확히 함으로써 왜 공부를 해야 하고, 어떻게 살아가야 할지 뚜렷한 방향을 설정할 수 있었다〉고 말했다.

지호는 마음먹고 시작하면 성적이 잘 나오는 편이었는데, 수학은 그렇지 못했다. 잘하고 싶은데 의지로는 안 된다면서 수학으로 인해 자신의 인생이 결정된다는 것에 화가 나 있었다. 그런 아이에게 자기가 하고 싶은 것을 10년만 꾸준히 하다 보면 그 분야에서 전문가가 된다고 말하며 장점에 집중하라고 격려했다. 〈미식가는 맛있는 음식을 찾아다니는 사람이 아니라 음식 고유의 맛을 찾아내는 사람〉이듯 좋은 엄마는 공부를 잘하는 아이를 만드는 것이 아니라 아이가 가진 고유의 재능을 키우는 사람이다. 지호는 수학이 아닌 자신의 장점에 집중하기로 했고 재미있어 하고 잘하는 언어에 소질이 있음을 확인한 뒤 그 능력에 더 집중하기로 했다. 국제기구에서 다른 사람을 도우며 다양한 사람들과 함께 일하고 싶다는 구체적인 꿈을 세우고 이를 위해 준비했다. 구체적인 꿈이 생기자 하나씩 목표를 향해 나아갔다. 지호는 유학을 가고 싶어 했다. 인터넷 사이트에서 유학에 관한 정보를 얻었고 유학의 장단점을 적어 보기도 하고 비용과 대학에 대한 정보들을 알아보았다.

진로 선택에 경제적인 상황도 무시하지 못한다. 다행히 맞벌이에 아이가 하나였기에 충분히 지원할 수 있었다. 그러나 남편은 혼자 외국에 보낼 수 없다고 반대했다. 지호는 자신의 목표를 위해 아빠를 설득해 나갔고 결국 허락을 받아 냈다. 빠른 적응을 위해서 외국인 홈스테이로 정했고 주변의 우려에도 불구하고 배낭 하나 메고 혼자 비행기에 탔다. 목표가 있어서 잘 적응해 나갔다. 전부 암기해야 했던 한국에서의 수업과 달리 생각하고 깨달아 가는 수업 방식이 재미있다고 했다. 방학 때도 서머스쿨을 다니며 필요한 교육 과정을 미리 이수하는 등 고1 여름방학에 유학을 가서 2년 만에 고등학교를 졸업했다. 아이는 대학에 필요한 모든 것을 혼자 준비하였고 캐나다에서 토론토 대학교와 맥길 대학교 모두에 합격했다. 지호는 국제기구에서 영향력이 큰 프랑스어를 함께 배울 수 있다는 생각에 퀘벡에 있는 맥길 대학교를 선택했다. 꿈을 향해서 목표를 세우고 그 방향대로 가고 있는 것이다.

그리스 신화에 나오는 왕 시시포스는 신을 모욕한 죄로 벌을 받는데, 그 형벌은 가파른 언덕 위로 돌을 밀고 올라갔다가 다시 굴려 아래로 내린 다음 다시 돌을 밀고 올라가는 일을 끊임없이 반복하는 것이다. 아무런 목표 없이 무의미한 행동을 하는 것이 그리스 사람들이 상상할 수 있는 가장 무서운 형벌이었다.

인생이라는 수많은 시간 동안 자신에게 맞지 않는 옷을 입고 있어야 한다면 얼마나 불편할까? 자신의 성격을 잘 알고 자신에게 맞는 직업을 선택한 사람은 하루 종일 일이 즐겁고, 적성에 맞으니 직업적으로도 성공할 가능성이 크다. 공자도 〈좋아하는 일을 하라. 그렇다면 당신은 일생 단 하루도 일할 필요가 없다〉라고 했다. 나는 아이가 좋아하는 사람과 좋아하는 일을 하면서 자기만의 색깔로 살 수 있도록 도와줄 수 있었다. 외동이기에 가능한 일이었다.

② 현명한 아이로 키우려면 8가지를 지켜라

첫째
칭찬에도 어울리는 옷이 있다

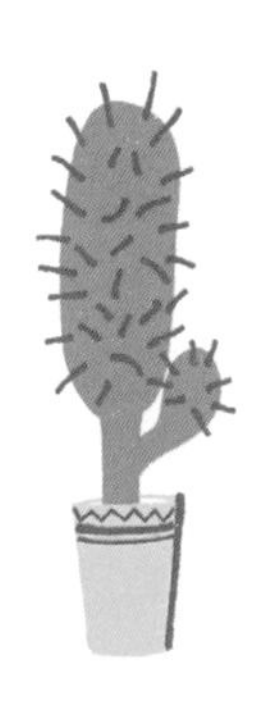

영화 「이보다 더 좋을 순 없다」의 남자 주인공은 연애 소설가이면서도 연애를 못한다.

성격이 괴팍하고 편협하며 칭찬에 서툴고 인색하기 때문이다. 하지만 이런 그를 칭찬해주는 여자 친구를 만나게 되면서 서툴지만 가슴에서 우러난 칭찬의 말을 건네기 시작한다. 〈당신은 내가 더 좋은 남자가 되고 싶게 해요.〉 그러자 그녀는 〈지금껏 들어 본 최고의 칭찬이에요〉라고 대답한다. 한 사람을 좀 더 좋은 사람이 되고 싶게 하는 것은 한마디 칭찬에서 시작된다.

독이 되는 칭찬들

〈칭찬은 고래도 춤추게 한다〉, 〈칭찬은 바보를 천재로 만든다〉는 말이 있듯 칭찬이나 기대, 관심, 격려는 누구에게나 긍정적인 영향을 끼치고 좀 더 좋은 방향으로 성장하게 한다. 엄마의 사랑이 전부인 외동아이에게 칭찬과 인정은 꼭 필요하다. 운동선수는 응원 소리에서 힘을 얻고 자신감을 가진다. 칭찬은 말도 못하고 듣지도 보지도 못하던 헬렌 켈러뿐만 아니라 수많은 아이들에게 지금도 기적을 만들어 주고 있다. 작가 막심 고리키Maxim Gorky는 〈칭찬은 평범한 사람을 특별한 사람으로 만드는 마법의 문장이다〉라고 했고, 하버드의 심리학자 윌리엄 제임스William James는 〈사람이 가장 깊이 느끼는 욕구는 누군가로부터 인정받고 싶은 욕구〉라고 말했다.

칭찬의 좋은 점을 알기에 어른들은 아이가 하는 모든 것에 칭찬과 찬사를 아끼지 않는다. 특히 외동 엄마들은 행동 하나하나에 입에 침이 마르도록 칭찬하는 경우가 많다. 삐뚤게 쓴 글씨를 보고도 〈어쩜 글씨를 이렇게 잘 써. 잘한다. 최고야, 천재야!〉라며 무턱대고 칭찬하고 〈옆집 아이는 양말도 못 신는다는데 우리 아이는 이렇게 잘해요〉라며 비교도 서슴치 않는다. 또한 습관을 들인다며 칭찬받을 만한 행동을 할 때마다 벽에 포도 모양의 스티커를 붙이고는 다 모으면 선물을 주기도 한다. 그러면 노력하는 아이로 올바르게 자란다고 믿기 때문이다.

하지만 칭찬이 오히려 아이를 힘들게 했다고 말하는 엄마도 있다. 주변에서 항상 〈너무 착하다〉는 말을 들어온 아이는 친구가 괴롭혀도 참고, 수업이 다 끝나도 친구들과 놀기보다는 선생님이 정리하는 것을 도왔다. 심지어 잘 먹는다는 칭찬에 배가 아플 정도로 먹어 배탈이 난 적도 있었다. 직장 맘인 엄마와 자주 같이 시간을 보내지 못했던 아이는 엄마에게 칭찬을 더 받으려고 무리한 행동을 하며 자신을 힘들게 했던 것이다.

학교에서도 칭찬받기 위해 심부름을 잘하고 주변을 돕지만, 누군가 보지 않을 때면 정반대의 행동을 하는 아이들이 있다. 남을 도와줄 때도 〈이거 해주면 뭐 줄 건데요?〉 하면서 보상이나 대가를 먼저 확인한다. 그렇다면 칭찬을 하지 말아야 할까? 칭찬은 긍정적으로 사용할 때 꿀이 되지만 잘못 사용하면 독이 된다. 독이 되는 칭찬 세 가지를 알아보자.

첫 번째 독은 과잉 칭찬이다. 과한 칭찬에 익숙한 아이는 자신의 생각에 따라 움직이기보다 다른 사람의 비난이나 평가에 마음이 쉽게 흔들린다. 과한 칭찬과 대접에 익숙해 주변에서 자신을 치켜세우지 않으면 푸대접받는다고 느끼며 친구들보다 낮게 평가받는 것을 힘들어한다. 무엇을 하든 꼭 이겨야 하고 질 것 같으면 미리 화를 내거나 울음을 터뜨리는 아이를 본 적이 있을 것이다. 주변의 기대에 부응하지 못한 결과가 나올 것 같으면 잘해야 한다는 심리적 압박감으로 인해 미리 포기해 버리는 것이다. 과잉 칭찬을 받아 온 아이는 남들이 칭찬하는 모습과 자신의 진짜 모습이 다르다는 것을 알기에 열등감을 느끼고, 그 차이를 메우기 위해서 과장하거나 허세와 억지를 부린다.

두 번째 독은 외모 칭찬이다. 외출할 때 정성을 쏟아 아이를 예쁘게 꾸며 주면 사람들이 자주 하는 말이 있다. 〈예쁘다〉, 〈멋있다〉 등 외모와 관련한 칭찬을 한다. 새로 산 가방이나 신발, 옷 등 아이의 소유물에 대해서도 칭찬을 한다. 철학자 르네 데카르트René Descartes가 인간은 타인의 욕망을 갈망한다고 한 것처럼, 어른이나 아이 모두 칭찬받고 싶은 욕구가 있다. 특히 내면이 단단하지 않은 아이는 인정받고 사랑받으려는 욕구가 커서 어른이 좋아하는 대로 행동하고 칭찬받은 행동을 발전시키며 칭찬 받기 위해 내면보다 외면에 노력한다.

세 번째 독은 결과를 칭찬하는 것이다. 1등을 해서 칭찬을 받은 아이는 다음에도 1등을 지켜야 한다는 마음에 부담이 커져 결국 부정행위까지 저지르기도 한다.

사회 심리학자인 캐럴 드웩Carol Dweck 교수는 뉴욕의 한 초등학교 5학년 학생들을 대상으로 노력 칭찬과 재능 칭찬에 대한 실험을 했다. 아이들에게 쉬운 문제를 풀게 하고, 첫 번째 집단에게는 〈머리가 정말 좋구나, 똑똑하구나〉라고 지능과 재능을 칭찬했다. 두 번째 집단에게는 〈애썼구나. 고생 많았구나〉라며 노력을 칭찬했다. 그다음은 아이들에게 쉬운 문제와 어려운 문제 중 하나를 고르게 했다. 노력 칭찬 집단은 90퍼센트 이상 어려운 문제를 선택했고, 지능 칭찬 집단은 대부분 쉬운 문제를 선택했다. 노력 칭찬 학생들은 도전적이었지만 지능 칭찬 학생들은 주변의 기대감을 저버리지 않으려고 점수가 잘 나오는 안정적인 방법을 선택했다. 다시 실험은 계속되었다. 이번에는 모든 학생에게 어려운 문제를 주었다. 노력 칭찬 집단은 끙끙거리며 문제를 풀어 보려고 애를 썼다. 그러나 지능 칭찬 집단은 낙담하고 실망했다. 마지막으로 다시 첫 번째 단계의 쉬운 문제와 비슷한 난이도의 문제를 풀게 했다. 그 결과 노력 칭찬 집단은 처음 성적에 비해 30퍼센트씩 상승했고, 지능 칭찬 집단은 처음에 비해 성적이 20퍼센트씩 하락했다. 이러한 실험을 6회 이상 반복해도 결과는 모두 비슷했다. 지능 칭찬을 받았던 아이는 자기 내부에서 할 수 있는 일과 할 수 없는 일을 나누고 실수하지 않으려고 노력하였으며 할 수 없는 일은 기피했다. 이 아이들은 실패를 맞닥뜨렸을 때 그 실패에 너무 큰 의미를 부여했다. 즉 처음엔 좋은 성적으로 칭찬을 받았지만, 다음 시험에서도 부모에게 칭찬을 받을 수 있을까 걱정했다. 즉 결과를 칭찬하면 타인의 칭찬 기준에 따라 행동하므로 어떤 행동을 해도 제약이 따르고 주변의 눈치를 보며 도전하지 못한다.

노력 칭찬을 하려면 아이가 보여 주거나 가진 것, 결과를 칭찬하기보다 노력하려는 마음과 행동을 칭찬해야 한다. 예를 들어 식사가 끝난 후 아이가 설거지를 도와주면 〈설거지 도울 때 보니까 잘 하던데. 우리 아들은 역시 최고야〉라고 하기 보다는 〈엄마를 도와주려는 아들의 마음에 엄마가 힘이 난다. 고마워〉라고 노력하는 마음을 칭찬해 보자. 그러면 아이는 더 좋은 사람이 되려고 한다. 노력하는 과정을 칭찬하면 그것이 바로 격려다. 격려는 아이의 태도 변화에 초점을 두고 주어진 일을 완수하기 위해 노력하는 것에 칭찬하는 것이다. 흔히들 격려는 실패했을 때만 하는 것이라고 생각하지만, 아이의 행동 시작 전후로 할 수 있다.

일을 시작하기 전엔 〈잘할 수 있을 거야〉, 결과가 나왔을 때는 〈노력해 주어서 고마워〉, 실패했을 때는 〈괜찮아, 지금까지 노력해 왔잖아. 잘할 수 있을 거야, 다시 노력하자〉 하며 마음을 읽어야 한다. 격려는 자존감을 증진시키는 열쇠로 〈난 이번에 최선을 다 했나?〉라고 스스로 질문을 던지며 주변의 평가가 아닌 자신에게 집중하게 한다. 독의 칭찬은 남들을 기준으로 자신을 평가하고 스스로 비교하며 열등감을 느끼게 하지만, 격려는 자신에게 기준이 있으므로 한계를 정하지 않고 도전하게 하며 당당하게 만든다. 노력 칭찬을 하면 아이는 타인이 아닌 어제의 자신과 비교하며 한걸음 성장하는 기쁨과 성취감을 느끼게 된다.

평가하지 말고 인정하자

흔히들 남 앞에서 자식을 칭찬하면 팔불출이라고 한다. 그만큼 우리는 칭찬에 인색하기도 하다. 주변에서 아이를 칭찬하면 〈별거 아닌데요〉 하면서 겸손해 한다. 하지만 이를 들은 아이는 상처받는다. 〈칭찬은 사람이 많은 곳에서, 꾸중은 아무도 없는 곳에서〉 하라는 말이 있다. 칭찬과 격려는 사랑하는 엄마로부터 가장 듣고 싶은 말이다. 〈매일 밤 30억 명이 굶주린 배로 잠자리에 듭니다. 한편 매일 밤 40억 명이 격려와 칭찬의 한마디를 배고파하며 잠자리에 듭니다〉라는 말은 우리가 칭찬에 얼마나 인색하고 또 목말라 하는지를 입증한다. 교육부에서 초·중·고등학생을 대상으로 설문 조사를 한 결과 엄마에게 듣고 싶은 말은 50퍼센트가 칭찬, 격려, 사랑이 담긴 말이었으며, 듣기 싫은 말은 비난과 비교하는 말, 학업·성적에 관한 말이었다.

친구들과 대화 중 남편에게 가장 듣고 싶은 칭찬이나 좋았던 칭찬이 무엇인지 말해 보기로 했다. 〈너만 보면 심쿵해〉, 〈당신이 내 아내라서 좋아〉, 〈아이를 잘 키워 줘서 고마워〉, 〈화장 안 해도 예뻐〉, 〈뱃살도 귀여워〉 등등이 듣고 싶다며 깔깔거리며 수다를 떨었다. 주로 평가하지 않고 인정하는 말들이었다. 아마 이런 말 중에 하나라도 듣는다면 그날은 하루 종일 콧노래를 부르며 신이 날 것이다. 이제부터 내가 받고 싶은 칭찬을 아이에게 하면 된다. 아이들은 학원이나 학교에서야 어쩔 수 없이 시험 성적 결과에 따라 칭찬을 받을 수밖에 없다. 그러니 집에서라도 엄마가 자주 칭찬과 격려를 해야 한다. 사랑한다는 것은 상대가 완벽하기 때문이 아니라 그냥 그 존재 자체만으로도 고맙고 칭찬하고 싶은 것이다. 아이가 부족해도 사랑스러운 마음으로 어제보다 오늘 하나라도 더 나아진 것을 보는 넉넉한 마음이 필요하다. 내가 예쁘게 바라보면 한없이 예쁜 것만 보이고 미운 것만 보면 뭘 하든 밉게 보인다. 그 마음은 아이의 행동에 있는 것이 아니라 내 속에 있다.

졸린데도 일어나 가방 메고 학교 가려는 마음을 칭찬해 보자. 당장 칭찬할 것이 떠오르지 않는다면 미리 칭찬 목록을 만들어서 기회가 될 때마다 하나씩 해보자. 때론 어제보다 나아진 것에 대해 구체적으로 적어 놓은 포스트잇을 이곳저곳에 붙여 칭찬 숨바꼭질을 하기도 하고, 아이 방 앞에 붙여 놓기도 한다면 아이가 더 사랑스러워질지도 모른다.

외동아이에게 칭찬과 격려는 사회성과 자립심을 키우는 영양제와도 같다. 세세히 챙겨 주지 못할지라도 칭찬을 받으면 부모가 어떤 식으로든 자신을 사랑하고 지지한다는 것을 느낀다. 칭찬을 할 때 머리를 쓰다듬거나 볼을 비비는 등 스킨십을 함께하면 아이는 사랑을 더 직접적으로 느낀다. 칭찬과 격려 속에 자란 아이는 영화 속 주인공처럼 〈엄마는 내가 더 좋은 사람이 되고 싶게 해요〉 하며 더 성장하기 위해 노력할 것이다. 오늘 아이에게 해주고 싶은 사랑이 가득한 칭찬과 격려의 말을 녹음하거나 영상으로 만들어 보내는 건 어떨까?

둘째
사랑과 과보호의 기준을 정하라

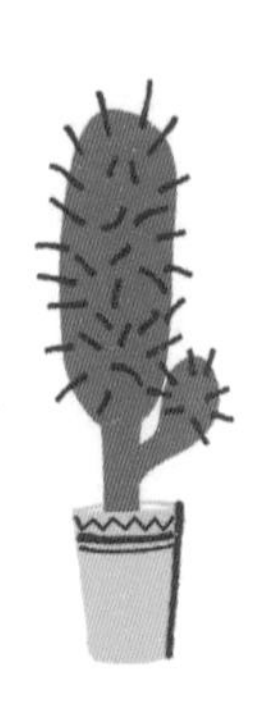

> 엄마가 되는 순간 〈하나뿐인 이 아이를 잘 키울 수 있을까?〉 하는 걱정부터 들었다.

한 달 일찍 태어나 저체중아였던 지호가 이유 없이 열이라도 나면 덜컥 겁이 났다. 초등학교 1학년 즈음의 아이들은 잘 갖고 놀던 구슬을 삼키거나 코에 넣어 보기도 하고, 배트맨이라며 보자기를 두르고 높은 책상에서 뛰어내리기도 한다. 사소한 사고에서부터 응급실에 가야 할 정도로 크게 다치는 등 아이의 일상은 불안의 연속이다. 순했던 지호도 한눈만 팔면 사소한 사건들을 일으키곤 했다. 아이들의 상상력이 만들어 낸 위험한 상황으로 엄마들은 편할 날이 없다.

아이가 뛰어 노는 주변 환경 또한 안심할 수 없다. 한 시사 프로그램에서 어린이 놀이터 모래의 안전 점검에 대해 보도한 적이 있다. 수도권 아파트 단지 놀이터 30곳에서 모래를 수거하여 검사한 결과 무려 29곳의 모래에서 대장균이 검출됐다. 원인은 개나 고양이의 분변이었다. 분변에서 감염될 수 있는 회충은 사람 몸 안에서 구석구석 돌아다니며 폐나 간 질환을 일으키고, 심하면 실명에까지 이른다는 보고였다. 연일 쏟아지는 뉴스에서 유해 과자, 기저귀, 가습기, 성범죄, 유괴 등의 사건이 보도될 때마다 엄마들은 혹시나 〈내 아이도?〉 하면서 걱정과 불안에 휩싸인다.

무관심보다 과보호가 문제

아이를 처음 키우는 엄마들은 만지거나 뛰는 등 일상적인 행동조차 위험하다며 금지하는 경우가 많다. 또한 아이가 조금이라도 어려운 상황에 놓이면 직접 나선다. 동화 속 『라푼젤』의 엄마처럼 〈세상은 너무 무섭고 험하단다. 너 혼자 힘으론 아무것도 못 해. 제발 엄마 말을 들어. 다 너 잘 되라고 하는 소리야〉 하며 세상으로부터 분리시킨다.

안전하게 지킨다고 딸을 탑 안에서만 지내게 하듯 학교 끝나고 나서도 친구와 어울릴 시간도 없이 집으로 곧장 오게 하고 친구 부모와 함께 가는 캠프에도 참가하지 못하게 한다. 중학생, 고등학생인데도 매 시간마다 하루의 일과를 메신저로 확인한다. 심지어 대학생이 된 아이에게 모닝콜을 해주는 등 일명 디지털 탯줄로 항상 연결해 놓는다. 본인의 불안을 없애려고 아이의 일상생활, 친구 관계, 진로 등에 대해 필요 이상으로 물어보며 다 큰 아이를 마치 유아처럼 대한다. 그러고는 필요한 엄마가 될 수 있어서 기쁘다고 말한다. 아이의 주위를 맴돌며 온갖 간섭을 다하는 헬리콥터 맘, 보이지 않게 조용히 관리하는 드론 맘, 주변의 불필요한 것을 대신 다 제거해 주는 잔디 깎이 맘들이 늘어나고 있다.

생물학자 찰스 코언Charles Cohen은 나비 박사라고 불릴 정도로 나비에 인생을 바친 사람이다. 우리가 보는 나비는 아름답지만 실은 엄청난 고통을 거치는데, 번데기 안에서 12단계를 지나며 바늘구멍보다 더 작은 구멍을 통과해야 우리가 보는 사랑스러운 나비가 된다. 박사는 이렇게 힘들어 하는 번데기 상태가 가엾고 안쓰러워 그 작은 구멍을 가위로 오려 나비가 수월하게 나오도록 도와주었다. 사랑하는 나비들이 애쓰지 않고도 아름답게 탄생한다고 생각하니 너무 기뻤다. 하지만 그곳을 쉽게 통과한 나비들은 날갯짓도 못하고 모두 바닥에 떨어져 죽었다.

엄마들도 위험이나 실패로부터 아이를 보호하고 뭐든지 다 해주고 싶은 마음일 것이다. 아이를 한둘 낳는 요즘은 더 그렇다. 미국 대학 건강연합회에서 대학생들을 대상으로 조사한 결과 지나친 과보호는 정신적 압박, 상실감, 고독감, 불안감, 자살 충동을 불러온다고 한다. 그러나 많은 부모가 과보호를 깊은 사랑이라고 착각한 채 그 심각성을 모른다. 무관심이 문제이지 사랑을 듬뿍 주는 것이 무슨 문제가 되느냐며 말이다. 실은 무관심보다 과보호가 더 문제라고 전문가들은 말한다.

심리학자 알프레드 아들러Alfred Adler는 열등감, 과보호, 방임을 신경증을 유발하는 3가지 요인으로 꼽았다. 그중 과보호로 키워진 아이들은 제멋대로 행동하고 욕구 불만을 이겨 낼 힘이 없고 의존적인 성향이 강해 조금이라도 요구를 들어주지 않으면 울거나 폭력성을 드러낸다. 지금까지 엄마가 모든 것을 다 해주었기에 사회생활의 시작인 학교에서 친구나 선생님과의 관계에서 자신감을 잃고, 어떤 결정에서도 우유부단하며 쉽게 실패와 좌절을 경험한다. 그렇게 자율성이나 자신감이 떨어지면 열등

콤플렉스가 생긴다.

「더 월The Wall」로 유명한 영국의 록 그룹 핑크플로이드의 리더 로저 워터스Roger Waters는 제2차 세계 대전에서 아버지가 전사한 후로 자신을 억압하고 과보호하며 사랑과 공포를 동시에 주는 엄마와 함께 어린 시절을 보냈다. 그는 성공한 록 스타가 되었지만 폭력적 성향을 지닌 마약중독자가 되었고 결국 스스로를 고립시키는 거대한 벽을 쌓아 깊고 우울한 자신의 벽 뒤에 숨었다. 그의 노랫말에는 〈우린 교육이 필요 없어요, 우리 생각을 통제하지 마세요〉라며 과보호로 힘들었던 삶에 대해 고백하는 내용이 있다.

심리학자 파커Packer는 과보호를 받은 자녀는 사회화에 어려움이 있으며, 불안과 우울 등 정서적 문제를 겪는다고 설명했다. 〈~해라〉보다 〈~하지 마라〉라는 규제를 많이 받은 아이는 스스로 판단할 기회를 빼앗겼기에 위축되어 있으며 〈못 하겠어. 엄마가 해줘〉 하면서 무언가를 시도하지 않고 의존적이 된다. 자신을 통제할 용기나 스스로 해결할 능력이 없다고 믿고 불안과 공포심을 보인다. 또한 자신의 약함을 무기로 삼아 엄살을 부리고, 잘 우는 민감한 성격으로 변한다. 수동적이고 소극적이므로 친구와의 관계를 기피하거나 괴롭힘을 당하는 경향이 있다. 이런 아이들은 성인이 되어서도 부모를 떠나지 못하는 〈캥거루족〉의 모습을 보이기도 한다. 아이들이 사랑스럽고 귀하다는 이유만으로 지나치게 모든 것을 허용한 결과다.

과보호와 사랑은 다르다

과보호는 그 중심이 엄마의 불안감이다. 본인의 불안감 해소를 위해 아이를 과보호하는 것이다. 사랑은 아이에게 최상인 것을 파악하고 그것을 주는 것이다. 심리학자 모건 스콧 펙Morgan Scott Peck은 『아직도 가야 할 길The Road Less Traveled』에서 〈사랑은 자기 자신 혹은 타인의 정신적 성장을 도울 목적으로 자기 자신을 확대해 나가려는 의지다〉라고 말했다. 사랑은 자신의 발전이나 다른 사람의 정신적 성장을 위해 행해지는 노력과 용기다. 에리히 프롬의 『사랑의 기술』에서 〈사랑은 주는 것이다. 맹목적으로 주는 것이 아니라, 인간의 성장이라는 목적을 가지고 있다. 사랑에서 주는 것은 다름 아닌 상대방의 잠재 능력을 계발시켜 주는 것〉이라고 했다. 아이의 미래에 대한 걱정과 불안감을 사랑하는 마음으로 착각하는 엄마들이 있다. 아이가 어릴 때는 모든 것을 잘 돌봐주는 사랑스러운 엄마가 된다. 하지만 커서도 그 태도를 바꾸지 않으면 아이와의 분리 과정이 어려워져 아이의 잠재력을 저해하는 엄마가 된다.

우선 엄마 본인의 불안을 들여다보자. 과보호하는 엄마들은 헌신이 아닌 불신이 바탕에 깔려 있다. 우리가 느끼는 불안의 96퍼센트는 일어나지도 않을 일과 싸우는 데서 온다. 4퍼센트의 불안 요소는 무엇인지, 그리고 아이가 생활하는 데 있어서 걱정되는 부분이 무엇인지 목록을 만든 후 예방할 수 있는 것은 최대한 조치를 하고 어쩌지 못하는 것들은 지워야 한다. 주변 위험 요소에 경계를 최대로 정해 조치하고 그 안에서 아이가 마음껏 생활하게 해야 한다.

먼저 자신이 정한 규칙을 점검해 보자. 집에 들어오는 시간, 무엇은 되고 무엇은 안 되는지에 대한 허락의 정도, 혼자 다닐 수 있는 곳 등 또래 엄마들이 정한 규칙과 비교해 보는 것도 과보호인지 아닌지 파악하는 데 도움이 된다. 만약 5~6학년인 아이가 친구들과 버스를 타고 20분 정도 걸리는 곳에 간다고 했을 때 허락하지 않았다면 그 이유가 아이에게 위험한 일이 생길까 걱정돼서인지 아이를 믿지 못하는 엄마의 불안감 때문인지 진지하게 고민해 볼 필요가 있다.

진정 사랑한다면 아이의 잠재력을 믿어야 한다. 인간은 태어날 때부터 발달 단계마다 잠재적인 성장 욕구를 지닌다. 성장 발달 단계를 살펴보고 믿고 스스로 해결하도록 도와야 한다. 이러한 과정을 통해 욕구 조절 능력과 문제 해결 능력이 길러진다. 하나밖에 없는 아이라고 물가에 내놓은 것처럼 노심초사 불안에 떨면서 관찰하는 건 아닌지 점검하고 자신만의 사랑과 과보호의 기준을 정해야 한다. 아이를 사랑한다면 다른 사람에게도 사랑받으며 살아가게 해야 한다. 애벌레는 12번의 변화와 시련을 스스로 겪어야 아름다운 나비가 될 수 있다. 스스로 하도록 아이를 지켜보는 것이 진정한 사랑이다.

셋째
자유와 방종을 구분하게 하라

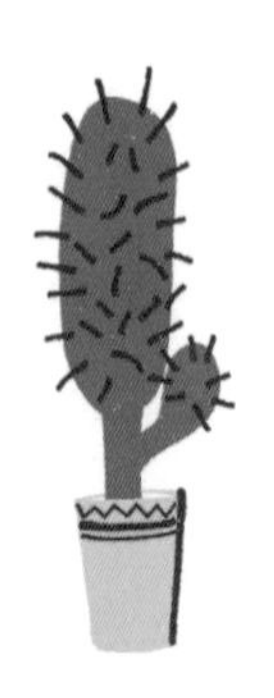

SNS 상에서 〈국물녀〉 사건이 크게 이슈가 된 적이 있다. 식당을 돌아다니던 아이와 손님이 부딪히면서 뜨거운 국물이 아이의 얼굴에 쏟아진 것이다.

이에 대해 아이 엄마는 화상을 입힌 가해자가 아무런 조치도 하지 않고 사라졌다며 인터넷 상에 억울함을 알렸다. 나중에 내막을 살펴보니 오히려 아이가 식당을 마구 뛰어다니다가 손님과 부딪혔던 것이다. 이런 일을 막기 위해 일부 영업점에서는 〈노 키즈 존〉을 내걸며 아이를 받지 않겠다고 한다. 이처럼 식당이건 지하철이건 공공장소임에도 제멋대로 뛰어다니는 것을 제재하지 않고 〈아이들은 다 그러면서 큰다〉고 자유롭게 놔두는 부모들이 많다.

무조건 허용하면 지능 지수가 떨어진다

하나뿐인 아이를 자유롭게 키우겠다며 내버려 두는 부모들이 늘고 있다. 권위적인 교육을 받아 왔던 부모 세대는 요즘의 화두인 자존감을 키워 주고 싶어서 많은 부분을 허용하고 작은 행동 하나에도 과한 칭찬을 한다. 남에게 피해를 주는데도 타이르거나 혼내지 않는 엄마가 〈좋은 엄마〉라고 생각하여 일상에서 〈안 돼〉라는 말 대신 대부분 아이의 말을 들어주며 상냥하고 따뜻하게 대한다. 식사와 잠자는 시간도 아이가 조절하게 하고, 직장에 다니느라 함께 하지 못하는 미안함을 혼내지 않는 것으로라도 보상하려고 뭐든 〈안 돼〉라는 말보다 〈그럴 수도 있지〉라며 허용적인 태도를 취한다. 또한 울거나 고집을 부려도 아이가 자신을 거부할까 봐 제재하지 못하며 나쁜 행동을 해도 애써 합리화하고 관대해진다. 사랑한다는 이유로 아이에게 결정권을 주고 일상생활에 한계를 정하지 않은 채 규칙이나 배려, 예절을 가르치지 않으면 아이는 독선적이고 버릇없는 작은 황제가 된다.

〈뭘 해도 괜찮다〉고 허용하는 가정에서 자란 아이는 학교에서 자신이 뭘 잘하고 잘못했는지 그 기준을 몰라 남에게 피해를 주는 행동을 하며 친구들과 어울리지 못한다. 자신의 욕구는 충족되지만 다른 사람이 무엇을 원하는지 헤아릴 능력이 없어 충동적인 모습을 보이며, 부모가 없는 낯선 환경에 잘 적응하지 못하고 사회적 책임감도 낮다. 주변으로부터 거부당한 아이는 소속감이 없고 존재감을 느끼지 못해 사람들의 관심을 끌기 위해 자극적인 행동을 하는데 이는 결국 악순환이 된다. 이런 아이들은 교실에서 앉아 있지 못하고 매사 다른 친구들이 자신을 알아주지 않는다고 불만을 쏟아 낸다.

미국의 젊은 부랑자들이 커다란 사회 문제로 대두된 적이 있다. 히피풍의 이들은 거리에서 빈둥거리며 먹을 것을 구걸하고 삶을 무기력하게 보냈다. 이들은 대부분 중산 계급 출신으로 유년기에 부모의 통제 없이 아무렇게나 길러졌으며 초등학교 때까지는 공부를 잘했으나 고등학교를 중퇴한 이후로 아무런 일도 하지 않았다. 이렇게 무엇이든 허용적인 가정에서 자란 아이는 커 갈수록 지능이 떨어진다고 한다. 감정과 욕구를 조절하는 방법을 알지 못하니 힘든 상황이 닥쳐도 그것을 회피하며 쉬운 길을 선택하고 이 세상에서 자신이 제일 잘났고, 자신의 판단이 제일 낫다고 생각하기에 배우거나 알려고 하지 않는다.

모든 행동을 허락하는 부모는 자유와 방종을 제대로 구분하지 못하는 것이다. 자유는 외부의 구속에 얽매이지 않고 자기 마음대로 할 수 있는 상태이다. 방종은 제멋대로 행동하여 거리낌이 없는 것이다. 이 두 가지는 비슷해 보이지만 다른 사람에게 피해를 주는지의 여부로 구분된다. 극작가 조지 버나드 쇼George Bernard Shaw는 〈자유와 방종을 구분해라. 자유는 책임을 뜻한다. 이것이 대부분의 사람이 자유를 두려워하는 이유다〉라고 말했다. 한계가 없는 자유, 책임 없는 자유는 방종과 무질서를 만든다.

자유에는 지켜야 할 질서가 있다. 고대 그리스 수학자인 피타고라스Phythagoras는 이렇게 말했다. 〈자유는 마음대로 행동하는 것이 아니다. 그것은 단지 혼란한 자기 마음을 그대로 내던지는 것밖에 안 된다. 자유라는 것은, 단지 자기 내부를 정리하고 질서를 세우는 데서 출발한다. 자기 자신을 정리하지 않은 행동은 방종이다. 모든 자유로운 원칙은 그 내부에 질서가 있고, 목표가 분명한 점에 있다.〉 또한 교육학자 A.S. 니일A.S. Neil은 『서머힐Summerhill』에서 〈자유란 다른 사람의 자유를 침해하지 않는 범위 내에서 자기가 하고 싶은 일을 하는 것〉이라고 했다. 세계적인 피아니스트를 가르친 겐리흐 네이가우스Heinrich Neuhaus 교수는 피아노 주법에 있어서도 절대적으로 자유와 방종의 구분이 선행되어야 함을 강조했다. 피아노나 운동을 배울 때 지켜야 할 원칙이 있다. 처음 기초 자세를 제대로 배우지 못하면 자세가 좋지 않을 뿐만 아니라 실력이 향상되기 어렵다는 것이다. 기초 자세는 훈육을 통해서만 배울 수 있다. 인생을 사는 데도 기초 자세를 배우지 않으면 제대로 된 어른으로 살아가기 힘들다.

훈육은 오히려 아이를 자유롭게 한다

사실 외동아이를 키우면서 규칙을 알려줄 때 애정과 통제의 경계를 조절하기가 힘들다. 자칫 너무나 많은 규칙은 과한 통제가 되고, 느슨한 규칙은 과보호가 되기 때문이다. 훈육하면 주눅 들고 위축된다고 생각하는데 올바른 훈육은 오히려 아이를 자유롭게 한다. 훈육은 행동의 범위를 알려 주는 것이다. 아이에게 해도 되는 것과 하지 말아야 하는 것, 즉 행동에 대한 울타리를 정해 주어야 한다. 그러면 아이들은 내면화된 규칙을 갖고 〈해도 되는 건가? 엄마에게 혼나는 것은 아닌가?〉 하는 불안에서 벗어나 맘껏 생각하고 행동한다. 이러한 범위를 알고 그것을 자연스럽게 지키는 마음은 다른 사람에 대한 배려로 이어지고, 무엇이 옳고 그른지를 판단하는 능력을 키우는 데 도움이 된다. 아이는 절제된 규칙 안에서 더 편안함을 느낀다.

예를 들어 장난감 정리를 거부하면 엄마와 아이가 정한 규칙에 따라 하루 동안 다른 곳으로 치워 놓는 것이다. 특히 요즘처럼 게임이나 쇼핑 등 유혹이 많은 세상에서 아이를 통제하지 못하고 뭐든지 허용하면 초등학교에 들어가면서부터는 더욱 통제할 수 없다. 〈아이고. 지독하게 말 안 들어! 마음대로 해라〉 하며 두 손 두 발 백기를 드는 것이다. 뭐든지 허용하는 것은 무절제와 무질서를 가르치는 것이다. 제한의 선을 두는 것이 중요하다.

게임 중독이 의심스러울 땐 〈게임은 아이가 하고 싶은 재미난 것〉이라는 것을 먼저 인정해야 한다. 그다음 부모의 걱정과 염려를 충분히 전달하고 여러 가지 해결 방법을 제안하면 아이는 부모와 자신 모두가 납득할 만한 〈학교 끝나고 저녁 먹기 전까지 1시간만 할게요〉라는 대답을 할 것이다. 이 제한선을 규칙으로 정한다면 자신이 정한 규칙이 부모에게 받아들여진 것에 만족해한다.

행동의 제한을 정할 때 무작정 아이에게 정도를 정하라고 하는 것은 위험하다. 한계나 규칙을 정할 때는 성숙도나 나이가 고려되어야 한다. 그렇게 정해 놓은 규칙이어도 엄마가 기분이 좋으면 느슨해지고, 화날 때는 더 엄격해지는 등 일관성이 없으면 안 된다. 그러면 아이들은 혼란을 느끼고 변덕스러워진다. 결국 경계가 무너져서 아이와 엄마 사이에 기나긴 힘겨루기 싸움으로 이어진다.

형제 없이 혼자 커서 배려, 예절, 규칙에 익숙하지 않은 외동아이일지라도 충분히 알려 주고 지도하면 아이는 기쁜 마음으로 충분히 배워 나간다. 이것이 사회성이다. 지하철에서 뛰었다고 해서 법적인 책임이 있는 것은 아니다. 그렇다고 도덕적 책임마저 없는 것은 아니다. 다른 사람에게 불편함을 끼치는 행위임에도 자신이 하고 싶은 대로만 하게 두는 건 자유를 잘못 아는 것이다. 자유롭게 행동했으면 그에 대한 책임도 따라야 한다. 그것이 자유를 누리기 전에 갖춰야 할 기본 요건이다.

내 아이가 공공장소에서 시끄럽게 군다고 혼내는 사람들에게 서운할 것이 아니라, 비난의 중심에 설 일이 아니었는지 반성하는 게 먼저다. 공부만 잘하면 뭐든 그냥 넘어간 것은 아닌지, 엄마를 사랑하지 않을까 봐 뭐든 허용하지는 않았는지, 성격 자체가 단호하지 못해 아이의 어처구니없는 요구를 거절하지 못한 것은 아니었는지 되돌아보자. 그러한 질문에 부정할 수 없다면 자유보다 방종을 알려 주고 있을 확률이 높다. 진정한 자유가 무엇인지 알려 주려면, 행동 제한의 울타리를 만들어야 한다.

넷째
아이의 행동보다 감정을 읽어라

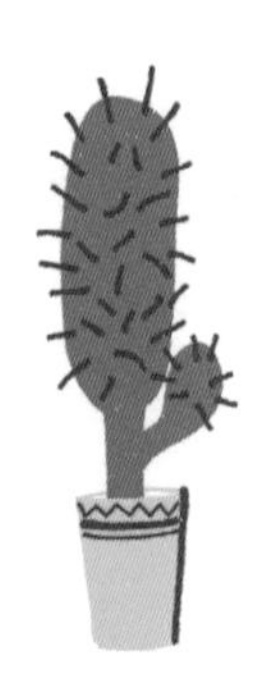

예능 프로그램에 외동아이의 가족이 출현했다. 부모는 아이가 외동인 것이 걱정되어 다른 사람과 어울릴 기회를 주기 위해 몽골로 여행을 떠났다.

여행지에서 아이는 선물로 받은 오토바이를 다른 사람들과 함께 타기로 약속했지만 막상 여러 사람들이 자기의 오토바이를 타자 울음을 터트렸다. 이때 엄마와 아빠는 엇갈린 훈육 태도를 보였다. 엄마는 함께 쓰기로 약속했으니 우는 것은 그 약속을 지키지 않은 행동이라고 했고, 아빠는 자기 것인데 사람들이 허락을 구하지 않고 써서 화가 나는 것이라고 아이의 마음을 이해했다. 엄마는 아이가 외동딸이다 보니 같이 나눠 먹고 배려하고 약속을 지키며 생활하는 것을 배웠으면 좋겠다는 소망을 이야기했다. 외동아이를 키우는 엄마들이라면 이 말에 공감할 것이다. 훈육의 경계를 정하지 못하거나 의견이 맞지 않으면 양육 방식을 두고 부부간의 갈등이 생기기도 한다.

아이의 감정에 초점을 두어라

밖에서 친구랑 싸우거나 선생님에게 혼나고 들어왔을 때 엄마들은 어떤 반응을 보일까? 대부분 〈너도 잘못했으니까 싸우고 혼났을 거야〉 하며 심판자가 되어 친구와 선생님을 변호하면서 문제를 해결하려고 한다. 이때 아이가 불만을 표시하면 〈어디 감히 말대꾸야〉, 〈시키는 대로 해〉 등 복종을 요하거나 엄격한 규칙, 비웃기, 비난 등을 하며 아이의 감정이나 입장을 밀할 기회를 주지 않는다. 이때 억울해하거나 이유 없이 화를 내거나 짜증을 부리면 때려서라도 버릇을 고쳐 주어야 한다고 말한다.

이런 상황은 실제로 학교에서도 흔히 나타난다. 다친 곳을 살피다 보면 팔다리, 어깨 등에 이미 멍든 흔적이 보일 때가 있다. 때론 엉덩이나 허벅지가 파랗게 퉁퉁 부은 아이도 있다. 어떻게 된 거냐고 물으면 〈맞을 짓을 해서요〉라며 부모에게서 들은 말을 그대로 내게 전했다. 아이의 행동을 바로 잡겠다고 공격적인 태도를 보이면 아이는 오직 체벌을 피하고자 옳고 그른 것을 판단하기보다는 눈치를 살피고, 억울하다는 느낌을 주체할 수 없어 더욱 적대적인 태도를 취한다.

체벌의 부작용을 아는 전문가들은 먼저 아이의 감정을 다루어 주어야 한다고 말한다. 심리학자 대니얼 골먼Daniel Goleman은 IQ가 출세와 성공의 20퍼센트를 설명하는 반면 정서 지능은 80퍼센트를 설명한다며 정서 지능의 중요성을 강조했다. 조지 베일런트George Vaillant는 『행복의 조건Aging Well』에서 하버드 대학교 졸업생과 여성 천재들, 서민 남성 등 800여 명을 72년간 추적 연구한 결과 사람들의 행복과 성장에 영향을 미치는 것은 IQ나 학벌, 배경이 아니라 바로 정서 지능임을 확인했다. 〈IQ는 지능의 일부분이고, 지능을 관장하는 더 큰 힘은 정서 지능〉이라고 말한다. 또한 아동 심리학자 하임 기너트Haim Ginott 박사가 창시하고 존 가트먼John Gottman 박사가 체계화한 교육 방식 중 〈감정 코칭〉이라는 것이 있다. 교사가 학생의 행동을 교정하기보다 감정을 이해하자 학생은 교사를 신뢰하며 유대감을 느꼈고 자연스레 행동이 교정되었다. 교사는 학생의 감정을 있는 그대로 받아 주되 바람직하지 않은 행동만을 제한했다. 감정 코칭을 받는 아이들은 수학과 읽기 점수가 뛰어났고 친구들과도 더 잘 지내고, 사회 적응 기술도 우수했으며 스트레스 호르몬 수치, 심장 박동 수도 더 낮았다. 유행성 감기와 같은 전염성 질환에 걸리는 일도 훨씬 드물었다.

보건 교사이자 외동아이의 엄마이기도 한 내가 학교 아이들의 아픔이나 스트레스에 대해서도 생각하고 감정을 이해하려고 노력하자 아이들도 변하기 시작했다. 별다른 증상 없이 하루에도 4~5번씩 보건실에 찾아오는 아이들이 처음엔 이해 가지 않았고 수업 시간에 떠드는 애들은 문제아라고 단순히 생각했다. 그러나 행동이 아닌 감정을 들여다보니 관심받을 곳이 없어서 나에게 관심을 받고자 했던 행동임을 알게 되었다. 누군가에게라도 관심과 사랑을 받고 싶었던 것이다. 자주 오는 아이에게 레몬 티 한 잔을 주면서 편안하게 해준 후 현재 감정 상태를 묻고 〈문장 완성 검사지〉를 이용하여 마음 상태를 살폈다. 그러면 마음이 아픈 원인을 쉽게 찾을 수 있었다.

또한 〈관심받기 원하는 사람〉이라는 수업 규칙을 정해 관심받으려고 수업을 방해하는 아이에게는 벌칙을 주었다. 그 벌칙은 수업을 방해하는 아이에게 모두가 손 하트와 윙크를 보내는 것이었다. 그 아이가 두 번째에도 관심받기를 원하면 모두가 그 아이를 안아 주기, 세 번째는 모두가 그 아이의 볼에 뽀뽀하기였다. 지금껏 세 번째까지 간 경우는 없었지만, 자신들을 따뜻하게 바라보는 관점만으로 수업 시간을 충분히 행복하게 여겼으며 나의 방식에도 관심을 가졌다. 비난이나 체벌이 아닌 부드러운 규제가 존중받는다는 느낌을 준 것이다. 나 또한 수업 내내 즐거웠다. 올바른 훈육은 힘으로 복종시키는 것이 아닌 스스로의 행동을 되돌아보게 하고 올바른 판단과 책임감 있는 행동을 하도록 자기 조절력을 키워 주는 것이다. 즉 존중하는 마음이 바탕이 되었을 때 그 훈육은 정당성을 가진다. 행동을 올바르게 고쳐 주고 싶다면 행동에 초점을 두어 처벌하기보다 먼저 아이의 감정에 집중해 보자. 감정은 따뜻하게 보듬어 주고 태도는 단호하게 했을 때 훈육은 강력한 힘을 지닌다.

강하게 감정을 나타내는 것은 구조 요청

어떻게 감정은 따뜻하게, 태도는 단호하게 할 수 있을까? 어느 날 지호가 학교에서 무슨 일이 있었는지 집에 오자마자 부르는 소리에 대답도 안 한 채 자기 방에 들어가 〈쾅〉 소리가 나도록 방문을 닫았다. 이런 아이의 행동에 화가 나는 것은 당연하다. 중요한 것은 아이의 행동을 보지 말고 아이가 보이는 감정을 들여다보아야 한다. 아이가 짜증을 부리거나 화를 낼 때, 그 행동에 초점을 두면 화가 나지만 감정을 바라보면 화가 나지 않는다. 이때 아이에 대한 감수성, 일명 눈치를 활용하여야 한다. 평상시와 다른 감정을 보인다면 무슨 일이 있구나, 하고 아이의 느낌과 반응을 읽어야 한다. 예전 같았으면 어디서 버릇없게 구느냐고 했겠지만, 야단치지 않고 진정되어 스스로 밖으로 나오기를 기다렸다. 나는 아이가 보여 주는 감정적 순간을 기회로 삼았다. 분노, 슬픔, 두려움과 같은 부정적 감정을 포착해서 그것을 스스로 표현하게끔 도왔다. 아이가 밖으로 나오자 〈화가 났나 보네〉 하고 아이의 감정을 먼저 읽어 주었다. 아이가 감정, 특히 부정적인 감정을 보일 때 〈저러다 풀리겠지〉라든가 〈뭐, 나중에 얘기하지〉 하고 대수롭지 않게 넘기지 말아야 한다. 아이가 강하게 감정을 드러내는 것은 그만큼 도움을 원한다는 구조 요청 메시지이다. 아이의 행동은 〈감정〉에서 나온다. 화를 내고 짜증을 내는 것도 결국 자기의 마음을 알아 달라는 최소한의 몸짓이다.

감정이 아닌, 행동이 잘못됐다는 점을 알려 주자

아이는 자신의 감정을 알아 준 엄마에게 그날 속상했던 일과 그에 관한 감정을 술술 이야기했다. 아이들은 마음이 아프거나 힘들 때 말로 표현하기도 하지만 못하는 경우도 많다. 그래서 아이의 감정을 놓치기 쉬운데 평상시보다 시무룩하거나 다른 행동을 보일 때 더욱 관심을 두고 아이에게 다가가야 한다. 때론 〈선생님께 혼났을 때 기분이 어땠니?〉 하고 질문하면 억울함, 짜증, 화, 분노 등의 다양한 감정을 느끼더라도 자기표현에 서툴러 〈몰라〉라고 한마디로 대답하는 경우가 많다. 이때 〈감정 카드〉를 이용하여 〈이중에 네가 느끼는 감정 2~3개만 골라 줄래?〉라며 느낄 법한 감정에 이름을 붙여 주면 아이는 자신의 감정을 더 편안하게 받아들인다. 나 혼자만이 느끼는 이상한 감정이 아니라는 데 안도하기 때문이다.

이때 아이의 이야기를 받아 주고 공감해야 한다. 아이가 〈담임 선생님, 너무 싫어〉라고 말하면 〈왜?〉라고 되묻기 전에 먼저 〈네가 담임선생님이 싫구나〉 하면서 아이의 감정을 받아 주어야 한다. 그다음 〈싫은 이유가 뭘까?〉라고 우회적으로 물어봐야 한다. 이야기를 듣고 〈네가 짜증이 날만도 하다〉, 〈정말 힘들었겠구나〉라고 말하며 공감으로 대화를 끌어가는 것이 중요하다. 아이가 왜 그러는지 이야기를 들어 보긴 했지만 화낼 일도 아닌 것 같아 〈별것도 아닌 것 가지고 왜 그래!〉라고 하거나 〈말하지 않아도 네 감정을 알고 있다〉는 식의 태도 또는 〈네가 잘못했으니까 혼내는 거지〉 하는 비난과 평가는 대화를 더 이상 이어 나가지 못하게 한다. 판단을 하지 말고 자신이 느끼는 것에 대해 〈아, 이런 감정이 억울함이구나〉, 〈이런 감정이 서운함이구나〉 하고 명료하게 알게 해야 한다. 그러고 나서 함께 해결 방법을 찾아야 한다. 엄마는 〈기분이 상할 때에는 좋은 것을 떠올린단다〉라고 말하거나 〈이런 경우 이렇게 하면 도움이 된다〉고 힌트를 주는 것도 좋다. 다음엔 아이가 스스로 해결하도록 해야 한다. 감정을 푸는 과정에서 〈너라면 기분이 어떨까?〉, 〈여러 방법 중에서 어떤 게 나을 것 같아?〉, 〈어떻게 하면 좋겠니?〉 하며 스스로 바람직한 해결 방법을 찾도록 하는 게 중요하다. 단호함 속에서도 반응과 의사소통은 중요하다. 그러면 아이는 자신의 감정을 존중받는다고 느끼고 더 바람직한 다른 방법을 생각한다.

감정뿐만 아니라 행동도 해결해야 한다. 선생님에게 혼이 나서 속상하다는 감정에 대해 충분히 공감하더라도, 문을 쾅 닫고 물건을 던지는 행동은 단호히 규제해야 한다. 이때는 아이의 감정이 아니라 행동이 잘못됐다는 점을 깨닫게 하는 것이 중요하다. 〈이런 행동을 하는 너는 나빠〉가 아니라 〈그 행동은 나쁜 것〉이라고 말해야 한다.

규칙의 중요성을 단호하게 말할 때는 아이의 수준으로 대화하는 것이 좋다. 그것은 아이를 존중하는 자세를 보여 주는 것이다. 그리고 그런 단호한 훈육 후에는 언제나 사랑을 표현해야 한다. 대화가 잠잠해지거나 잠들기 전에 다정하게 포옹하는 것을 잊어서는 안 된다.

행동을 올바르게 고쳐 주고 싶다면 예능 프로그램의 아빠처럼 아이의 감정을 먼저 읽고 속상한 감정을 표현하게 한 뒤 엄마처럼 행동에 대해 이야기하면서 잘못된 행동을 바로 잡아야 한다. 아이에게 꾸준히 관심을 두고 행동이 아닌 감정을 들여다볼 때 이해가 시작된다. 감정은 따뜻하게, 태도는 단호하게 할 때 아이는 감정을 제대로 표현하고 자기주장도 할 줄 안다. 그래야 맏이의 믿음직함과 막내의 애교를 모두 가진, 안정적이고 긍정적인 어른으로 성장할 수 있다.

다섯째
<화내기>와 <혼내기>를 구분하라

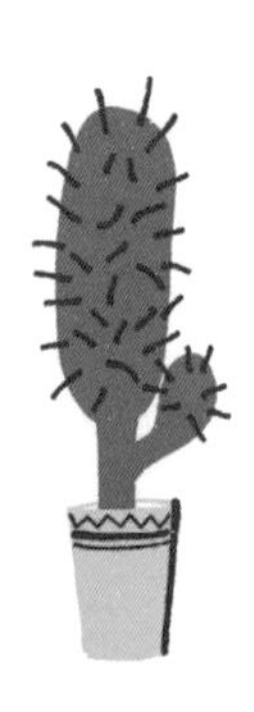

육아 정책 연구소의 보고에 따르면 엄마의 과도한 육아 스트레스는 아이와의 애착 형성을 막고 부정적인 양육 스타일을 야기한다.

아이는 5세에 하루 평균 12번 긍정적인 언어를 듣고 122번 부정적인 언어를 듣는다고 한다. 활동이 왕성한 시기의 아이를 돌보는 것도 지치는데 집안일과 직장 일 등으로 스트레스가 쌓이면 아이에게 관대하기는 쉽지 않다. 아이를 키운다는 것은 아침에 눈을 떠서 아이들이 잠이 들 때까지 나만의 시간은 사치라고 여겨질 정도로 정신적, 육체적으로 온 신경을 쏟아야 하는 일이다. 반복적으로 스트레스를 받을 수밖에 없는 일이다.

훈육이 아닌 〈화내기〉는 아닌지

직장에서 돌아와 어질러진 거실, 산더미처럼 쌓인 빨래나 설거지를 배경으로 울어 대는 아이를 마주하면 화가 나는 게 당연하다. 어떤 엄마는 천사 같던 자신이 아이를 키울수록 점점 집안의 폭군이 되어 간다며 자책했다. 엄마들은 빠른 해결을 위해서 아이에게 규제나 비난, 명령어를 많이 사용하며 긍정적인 말보다 부정적인 말을 사용하게 된다. 외동아이를 키우는 것이 다자녀를 키우는 것보다 생활 속 스트레스는 적겠지만, 오히려 주변에서 〈외동이라 버릇없다〉는 소리를 들을까 봐 더 엄격하게 가르쳐야 한다며 명령하거나 비난하고, 심지어 체벌도 한다. 그리고 그것을 훈육이라고 생각한다. 그러나 약한 아이에게 엄마의 힘을 이용하여 자신의 감정을 풀어내는 것은 훈육이 아닌 〈화내기〉일 뿐이다.

잠시 생각해 보자. 똑같은 상황인데도 어떤 때는 아이에게 너그럽다가 힘들 때는 짜증이 치솟는 경험이 있을 것이다. 돌이켜 보면 화를 낼 때는 아이 때문이 아니라 본인의 컨디션이나 감정 상태가 원인인 경우가 많다. 자신의 감정을 집안에서 가장 약자인 아이에게 풀고선 그것을 훈육이라고 생각하는 것이다.

이러한 부모의 일관성 없는 감정적 화풀이가 큰 문제다. 특히 남편이나 시댁과의 관계가 좋지 않았을 때 그 정도는 더욱 심해진다. 애지중지하면서 무엇이든 우선으로 해주며 잘 키웠는데 갑자기 아이를 위해 희생했다는 생각과 그동안 참았던 억울함이 튀어나와 고스란히 아이에게 전달된다. 〈내가 안 먹고 안 쓰고 모은 돈으로 학원비, 과외비 대는데 성적이 이게 뭐니?〉, 〈누가 그런 짓 하래?〉, 〈잘한다, 잘해〉, 〈너 때문에 못 살겠어〉라며 상처를 주는 거친 말로 〈화〉를 낸다. 사실 스트레스를 받는 상황에서 아이를 가장 쉽게 통제할 방법이 화내는 것이기 때문이다.

엄마가 화를 내면 아이의 행동은 바로 바뀐다. 하지만 잘못을 알고 바꾸는 것이 아니라 엄마의 화를 피하고자 하는 행동이다. 엄마가 화를 내면 행동의 옳고 그름을 생각할 겨를이 없다. 아무 설명 없이 화를 내는 엄마 앞에선 우선 그 순간을 모면하고자 한다.

체벌의 가장 무서운 역효과는 바로 아이의 도덕성이 길러지지 않는다는 것이다. 심해지면 좌절과 적개심을 느껴 부모를 향한 복수의 감정이 자라난다. 부모가 화를 내면 외향적인 아이들과 내향적인 아이들은 다른 반응을 보인다. 외향적인 아이들은 엄마의 태도를 모방한다. 자신이 약자이기에 혼났다고 생각하고 엄마가 없는 곳에서는 자신보다 더 약한 아이들에게 화를 풀고 나쁜 행동을 한다. 반면 내향적인 아이는 화내는 엄마를 보며 불안과 공포심을 느껴 조심하면서 내면에는 표현하지 못하는 분노를 품는 〈착한 아이의 가면〉을 쓴다.

〈화내기〉와 〈혼내기〉의 차이

교육학자 브레켄리지와 빈센트M.E. Breckenridge&E.L Vincent는 〈훈육이란 아이를 억압하거나 감정을 무시하고 폭발시키는 것이 아니며 아이가 자신의 세계를 더욱 잘 이해하게 도우면서 점차 자기 통제를 하고 사회화되도록 가르치는 것이다〉라고 했다. 즉 올바른 훈육은 화내기가 아니라

〈혼내기〉다.

〈화내기〉와 〈혼내기〉의 차이는 뭘까? 아이가 중학교 때 담임교사로부터 전화가 왔다. 집에서 가까운 놀이공원으로 현장 학습을 갔다가 아이와 친구 둘을 찾지 못해서 버스가 1시간 늦게 출발했다는 것이다. 너무나 죄송스러웠지만 나에게 〈똑바로 가르치세요!〉라고 말하는 것 같았다. 순간 말도 안 되는 행동을 한 아이에게 화가 났다. 그때 나는 정신을 차리고 화가 난 진짜 이유가 무엇인지 살펴보았다. 아이로 인해 내 체면이 구겨진 것이 화가 났던 것이다. 화를 객관화하고 보니 이야기를 들어보기도 전에 미리 아이의 행동을 판단하고 있었다. 〈먼저 화를 내지 말자. 아이의 이야기를 들어 보고 그때 혼을 내도 된다〉고 생각했다. 아이는 집에 와 있었다. 이런 때는 두 가지의 상황이 떠오른다. 〈넌 왜 항상 그 모양이니? 이기적이야! 너밖에 몰라!(인신공격) 다른 애들은 공부도 잘하고 말도 잘 듣는다는데 누굴 닮아서 그렇게 못된 거야.(비교, 비난) 내가 창피해서 너 때문에 못 살겠다.(울화, 폭발)〉 아니면 〈그때 그 상황에서 더 좋은 방법은 없었을까?(제언) 결과적으로 너의 행동이 다른 친구들의 시간을 빼앗은 건 아닐까? 어떻게 해야 했었을까?(권고)〉 나는 두 번째 방법으로 대화를 시작했다. 〈네가 한 행동에 화가 많이 났어〉로 시작하며 현재 내가 화났다는 것과 그 이유를 이야기했다. 그리고 어떻게 된 상황인지 물었다. 현장 학습 장소는 집과 가까워서 자주 갔던 곳이었기에 더 놀고 싶어 따로 가겠다고 선생님에게 이야기했는데 제대로 의사소통이 되지 않았던 거라고 아이가 설명했다. 나는 그 부분에 대해 공감하면서 아이의 말을 끝까지 들어 주었다. 그러고는 〈다시는 이런 행동을 하지 않았으면 좋겠다〉고 이야기했다. 아이는 다른 사람에게 피해를 준 것에 미안함을 느꼈고, 다음 날 반 친구들과 선생님에게 진심으로 사과했다.

화내기는 명령이나 비난이나 체벌을 통해 감정을 해소하는 것으로 끝날 수밖에 없다. 그러나 혼내기는 행동이나 습관을 가르치기 위한 목적 있는 대화가 된다. 때론 외동아이를 키우는 엄마는 아이가 잘못된 행동을 하더라도 혼내기를 못한다. 하지만 왜 그런 행동이 바람직하지 못한지 깨닫도록 〈제대로 된 혼내기〉를 해야 한다. 그 잘못으로 자신은 물론 다른 사람들에게 어떠한 피해가 생겼는지 자신의 행동에 책임지게 해야 한다. 그것이 올바른 혼내기이다.

화를 제대로 표현하는 방법

사람들은 〈스트레스를 받았을 때 끓어오르는 화도 참지 못하는데 어떻게 긍정적으로 화를 내느냐〉고 묻는다. 화는 습관이다. 우리에게는 희로애락의 감정이 있다. 기쁨이나 슬픔을 느끼듯이 화, 분노를 느끼는 것은 잘못된 것이 아니다. 다만 화를 제대로 표현하지 못해서 문제가 된다. 긍정적인 화내기의 시작은 〈화는 자신이 선택하는 것〉이라는 데서 출발한다. 화를 객관적으로 바라볼 수 있으면 누구나 올바른 화내기가 가능하다.

올바른 화내기를 위한 몇 가지 방법이 있다. 첫 번째 화를 알아차려야 한다. 우리는 기쁜 마음을 알아차리면 콧노래를 흥얼거리고, 피곤함을 알아차리면 잠시 쉬고, 불안을 알아차리면 잠시 심호흡을 한다. 화도 알아차릴 수 있다. 화에는 전조 증상이 있다. 가볍게 〈약이 오른다〉에서 〈짜증이 난다〉, 〈속이 상한다〉, 〈가슴이 답답하다〉, 〈어쩔 줄 모르겠다〉, 〈무언가 치밀어 오른다〉, 〈천불이 난다〉, 〈뚜껑이 열린다〉 등 개인마다 다양한 감정들이 나타난다. 이러한 증상이 나타나면 잠시 멈추어 왜 화가 나는지 생각해야 한다. 화나는 원인은 대부분 비슷한데, 아이에 대한 높은 기대감 때문이거나 엄마인 자신을 소홀히 여겼다고 생각할 때다.

친구 C는 중학생인 외동딸에게 과외비, 학원비 등 모자라는 거 없이 투자했다. 그러나 아이는 반항하듯 백지 시험지를 제출했다. 초등학교 내내 좋은 성적을 유지했던 아이가 이렇게 나오자 C는 〈이렇게 자라서는 안 된다〉는 생각과 〈아이가 의도적으로 나를 웃음거리로 만들고 화나게 하려고 했다〉고 생각해서 폭언과 함께 화를 냈고, 결국 자리에 눕고 말았다.

가족에게 희생했다고 생각하는 엄마들은 화낼 권리가 있다고 무의식적으로 생각한다. 그래서 주변 사람들에게는 상냥해도 가족에게는 쉽게 폭발한다. 화가 난다면 우선 내가 아이를 오해한 건 아닌지, 내 기대감이 비상식적으로 컸던 건 아닌지, 다른 사람이었어도 이렇게 화가 날지 등을 질문하며 나의 화에 의구심을 가져야 한다. 그래도 화를 내야 한다면 혼내기를 해야 한다.

화가 나는 것은 잘못된 것이 아니다. 중요한 것은 표현 방법이다. 소리를 버럭 지르거나 그와 정반대로 아무 말도 하지 않는가? 자신을 표현하는 방법에는 세 가지가 있다. 첫 번째는 버럭이가 되는 것인데, 이것은 자신의 생각을 표현하지만 아이에게 피해를 준다. 두 번째는 소심이가 되는 것인데, 아이에게 피해를 주지 않지만 자신의 생각을 표현하지도 못해 스스로의 마음을 아프게 한다. 마지막은 솔직이가 되는 방법이다. 아이에게 피해를 주지 않으면서 자신의 생각을 표현하는 것이다.

솔직이가 될 때는, 아이의 마음에 공감하되 솔직하게 나를 중심으로 왜 화가 났는지 그 이유를 정확하게 설명해야 한다. 비난이나 협박이 섞인 감정적 화내기보다 애정과 이성을 가지고 가르치며 혼내기를 해야 한다. 형제 있는 아이들보다 여유가 많으므로 더욱 아이의 행동에 대해 대화할 시간을 가져야 한다. 엄마의 혼내기를 수긍할 때 아이는 도덕성을 키운다.

여섯째
어른 아이를 만들지 마라

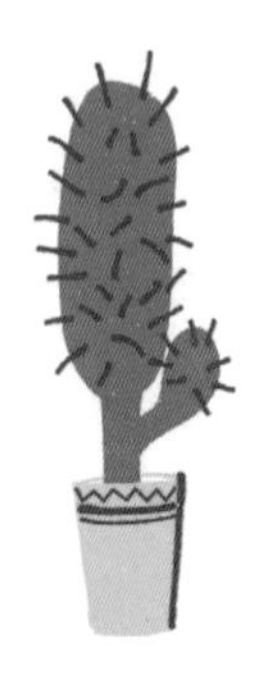

사람들은 아직도 아이가 자신의 생각을 이야기하거나 어른 말에 의문을 가지고 질문을 하면 〈버릇없다〉고 여긴다.

어른 말에 수긍하면 착한 아이가 되고 거부하면 나쁜 아이가 된다. 착한 아이로 인정받으려면 어른에게 순종하도록 길들여진다.

내 아이가 주눅 든 어른 아이는 아닐까

대학 시절 정신과 실습을 하면서 가정환경이 엄격했던 환자들이 많아 놀라웠다. 자신의 불완전성을 인정하고 그 모습대로 살면 된다는 생각보다 완벽, 성결, 명예를 먼저 가르치고 강조하는 것이 한 사람의 인생을 어떻게 불행으로 이끄는지 보았다. 9살의 K는 모든 아이를 도우려고 하는 모범생으로 주변이나 담임교사로부터 칭찬받는 아이였다. 그러나 뚜렷한 질병이나 열도 없이 두통을 호소하며 자주 보건실을 찾았다. 문장 완성

검사를 해보니 성적 때문에 스트레스를 받고 있었다. 〈가장 원하는 것은 100점을 맞는 것〉이었고 〈자신의 성격 중 고치고 싶은 것은 실수하는 것〉이었다. 결과를 보고 더 자세히 알아보고자 〈엄마에게 많이 혼나?〉 하고 물어보았더니 아이는 이렇게 대답했다. 〈혼은 안내지만 100점을 맞을 때와 그렇지 않을 때 엄마가 달라져요.〉 엄마의 칭찬과 기대는 아이를 모범적으로 키우지만 한편으로는 실수하면 안 된다는 압박감을 준다.

나 또한 지호가 예의 바르고 착한 아이가 되기를 원했다. 친구랑 약속이 있어서 나가려는데 아이가 함께 가고 싶다고 했다. 〈커피숍에서 심심할 텐데 괜찮겠어?〉라고 물었고, 그래도 가겠다고 해서 다른 사람에게 피해를 주면 안 된다는 약속을 받고 읽을 책을 준비해서 데리고 나갔다. 친구와 이야기하는 동안 아이는 정말로 방해를 하지 않았고, 2시간이나 책을 읽으며 조용히 앉아 있었다. 나중에는 소파에서 잠이 들어 있는 아이를 발견했다. 〈외동아이는 버릇없다〉라는 말이 듣기 싫었기에 남들에게 피해를 주지 않는 아이가 되기를 바랐다. 지호를 보는 사람들은 애가 너무 착하다며 부러워하곤 했다. 지호는 실제로도 나이에 맞지 않게 투정을 부리지도 않고 원하는 것을 무리하게 요구하지도 않았다. 그런데 어느 순간 어린 아이에게 너무나 많은 절제와 통제를 가르치며 〈어른 아이〉로 만드는 것은 아닌지 고민하게 되었다. 아이는 늘 감정을 절제하며 원하는 것을 요구하지 못하는 주눅 든 어른 아이가 되어 가고 있었다.

보건실을 찾는 아이들 중에 부모가 과도하게 기대하거나, 부모가 자주 싸우거나, 엄마와 떨어져서 지내야 해 스트레스를 받는 아이들이 있다. 이런 아이는 형제도 없이 혼자 자신의 능력 이상을 해내며 독립적이고 모범적으로 알아서 하는 어른스러운 아이로 자란다. 아들 하나 둔 엄마는 남편과 사이가 좋지 않아 싸울 때마다 친구에게 하는 것처럼 속상한 마음을 자주 아들에게 하소연했다. 아들은 아빠 때문에 아파하는 엄마가 불쌍해서 이야기를 잘 들어 주었고 커가면서 엄마가 원하는 것은 뭐든지 응하는 말 잘 듣는 착한 아이가 되었다. 이렇게 아이의 마음이 빨리 늙어 버리는 건 불가피한 생존을 위한 전략이지 아이의 선택이 아니다.

애니메이션 「겨울 왕국」이 유독 우리나라에서만 남녀노소 모두에게 사랑을 받았다. 주인공 엘사는 〈사람들이 진짜 모습을 알면 아마 나를 사랑하지 않을 거야. 착한 아이처럼 굴어야 해. 그래야 받아들여질 수 있어〉라고 말하며 자신의 진짜 모습을 숨긴다. 사람들이 엘사를 좋아했던 이유는 그 인물에서 자신의 모습을 봤기 때문이다.

가토 다이조加藤諦三는 『착한 아이로 키우지 마라伸びる子伸びない子は親の愛で變わる』에서 부모와 잘못된 관계를 맺은 아이는 자신이 잘못하면 버림받을 수 있다는 두려움을 갖는다고 했다. 아이라면 유아적 의존 욕구가 있어 어리광을 부리고 싶지만, 그런 마음을 애써 외면하는 것이다. 그러고는 부모의 기대에 맞추는 거짓된 착한 아이를 감정 없이 연기한다. 이처럼 부모에게 감정을 숨기는 아이는 응석 부리기, 원하는 것을 말하기, 부정적인 감정 드러내기를 나쁜 아이들이 하는 것으로 생각한다. 이런 아이들에게 사람들은 어른을 헤아릴 줄 안다며 대견해 하기만 한다. 그러면 더욱 더 아이들은 내면의 문제를 혼자서 해결해 나가며 마음에 상처를 키운다.

한 후배는 〈저는 어릴 때부터 순했기에 가장 많이 듣는 말이 《진짜 착

하다》였어요. 분명 그리 착한 사람이 아닌데 주변에서 자꾸 착하다니까 인정받는 느낌이 들어 더욱 다른 사람들의 말을 잘 들으면서 저를 만들어 갔어요. 어른이 되어서는 착한 사람의 강박에서 벗어나려고 노력했지만 길을 묻는 할머니를 도왔으면서도 나도 모르게 습관처럼 감사합니다, 하고 말했어요. 주위 사람 눈치 보고 곤란한 부탁을 거절 못하고 억울해도 당하기만 할 뿐 아무 말도 못하는 제가 바보 같아 힘들어요〉라고 이야기했다. 어른 아이는 시간이 지나도 여전히 착한 어른 아이의 가면을 벗지 못한 채 내면의 상처를 입는다.

어른의 요구를 쉽게 거절하지 못하는 순응적인 아이들은 성 범죄나 유괴 등에 쉽게 노출된다. 또한 성인이 되어서는 자신이 원하는 목표를 세우질 못하고 자신만의 개성도 갖지 못한다.

어른 아이로 키우지 않는 법

어른들이랑 많은 시간을 함께하는 외동아이는 말투나 생활 습관이 어른과 닮아 가고, 계속되는 주변의 칭찬으로 어른 아이가 될 가능성이 높다. 어른 아이로 키우지 않으려면 아이다운 동심을 심어 주어야 한다. 아쉽게도 동심은 그냥 만들어지지 않는다. 그것은 근심이 없이 해맑을 상태일 때 생긴다. 물론 하나뿐인 내 아이를 어른 아이로 키우고 싶은 사람은 없을 것이다. 하지만 부모가 의식하지 못한 사소한 말과 행동이 반복되다 보면 아이는 사람들의 시선을 의식해 〈착한 가면〉을 쓴다.

엘사는 착한 아이로부터 벗어나고자 〈렛잇고Let It Go〉를 외치고 〈이젠다 놓아 버렸다〉, 〈될 대로 되라지〉라고 하며 포기 선언을 했다. 내면 아이 치료 전문가 존 브래드 쇼John Bradshaw는 『상처받은 내면아이 치료Home Coming: Reclaiming and Championing Your Inner Child』에서 아이가 상처받는 것은 〈나〉라는 자아를 잃어버린 데서 비롯된다고 말한다. 모든 아이에게 진정으로 필요한 것은 그들을 돌봐 줄 건강한 부모이며, 부모에게 무조건적으로 사랑받는 존재라는 사실을 아는 것이라고 한다. 아이다운 아이로 키우기 위해서는 다음과 같은 부모의 자기 점검과 노력이 필요하다.

첫 번째, 아이의 행동을 〈착하다〉와 〈나쁘다〉라는 흑백 논리로 평가하지 말자. 부모의 기준에 따라 평가하면 아이는 자신이 무엇을 잘하고 잘못했는지 객관적으로 깨달을 수 없다. 평가적 형용사가 아닌 아이의 행동에 관심을 보이는 말이어야 한다. 〈착한 아이는 우는 거 아니야〉라는 말보다 〈무슨 일로 우는 거지?〉라고 객관적인 사실에 기반한 대화를 해야 한다.

두 번째, 아이가 느끼는 감정을 이야기하게 한다. 아이의 생각과 감정을 받아 주고, 존재 자체 그대로 인정하면 아이는 건강한 자존감을 가진다. 드라마 「대장금」의 장금이가 〈홍시 맛이 났는데 어찌 홍시라고 생각했느냐 하시면 그냥 홍시 맛이 나서 홍시가 생각한 것이 온데…〉라고 말한 명대사처럼 자신의 생각을 말할 허용적인 분위기를 만들어야 한다. 흔히 아이가 문제를 일으키지 않고 조용히 지내는 것은 부모가 잘 키워서라고 생각하지만, 의사를 표현하지 못하는 아이일 가능성이 크다. 아이는 〈자신의 의견이 받아들여진다!〉라고 생각할 때에야 비로소 말을 한다. 따라서 아이와의 관계는 평등해야 한다. 힘이 센 상대와 경쟁하는 상황이라면 누구나 승산이 없다고 느끼고 반항하거나 순응하는 것 중 하나를 선택한다. 반항해도 통하지 않으면 어쩔 수 없이 엄마가 원하는 대로 자신의 생각이나 좋아하는 것을 바꾼다. 특히 외동아이에게 엄마는 친구가 되어야 하며 아이의 눈높이에서 거부할 권리를 주고 적당히 대립과 갈등을 조절해야 한다. 대립을 해결하고 갈등을 조절하는 능력을 훈련하면 또래 친구들 사이에서도 자신의 의견과 생각을 말하는 아이가 된다.

세 번째, 아이를 아이답게 살게 해야 한다. 어른에 둘러싸인 아이는 〈아이다운 면〉을 감춘다. 천진함과 장난기와 자유로움이 없다. 아무리 어른과 재미있게 같이 놀아도 가장 행복하고 아이다운 때는 또래의 아이들과 함께할 때다. 또래를 만나면 아이의 본성이 나타나면서 장난도 치고 까불면서 귀여운 악동으로 변한다. 외동아이가 얌전한 것은 친구를 만날 기회가 없기 때문이다. 많은 시간을 어른과 함께하는 아이라면 또래 아이를 만날 기회를 주자.

어른 아이가 된 외동아이는 엄마를 사랑하면서도 동시에 미워하는 감정을 느끼는데 이는 아이에게 무척 힘든 상황이다. 이런 감정은 누구나 가지는 것이므로 그런 감정이 자연스러운 것이라고 알려주어 아이의 죄책감을 해소해 주어야 한다. 건강한 아이는 순응적인 어른 아이가 아니라 적응하는 아이다. 자기가 원하는 것을 알고, 도움도 청할 수 있어야 한다.

외동아이가 어른스럽게 크는 모습을 보면 씁쓸할 때가 있다. 아이의 욕구와는 상관없이 내가 원하는 대로 키우고 있진 않은지 생각해 봐야 한다. 어른에게 굽실대는 어른 아이로 성장하기를 바라는가? 장난꾸러기여도 아이다운 아이로 살아가기를 바라는가? 아이에게 그 나이에만 가질 수 있는 어리광 부릴 권리를 주어야 한다. 아이는 아이다울 때 가장 사랑스럽다.

일곱째
실패는 성공할 기회를 주는 것이다

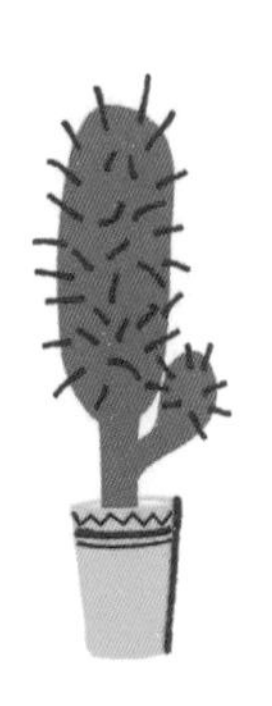

4살 조카가 스마트폰 게임을 하다가 〈Fail〉이 뜨자 오히려 좋아했다.

영어도 모르는 아이의 반응이 재미있어서 무슨 뜻인지 아느냐고 묻자 〈실패야〉라고 대답했다. 그 뜻이 무엇이냐고 다시 묻자 〈다시 하라는 거잖아〉 했다. 아이는 실패의 의미를 제대로 알고 있었다. 그러나 사람들은 실패에 대해서 이 아이처럼 긍정적이기보다 두려움을 갖는다. 특히 엄마는 아이의 실패에 예민해서 〈실패해도 괜찮아, 다시 하면 돼〉라고 쉽게 말하지 못한다. 아이가 겪을 실패의 아픔을 알기 때문이다. 그저 아이에게 실패할 기회를 최소한으로 줄여 꽃길만 걷게 하고 싶다. 그러나 이런 생각은 잡초와 싸워서 이겨 낼 수 있는 성장의 경험은 차치하고, 조금이라도 불편함을 끼치는 것을 모조리 제거해 아이를 온실 속의 화초로 만들 뿐이다.

실패는 학습의 일부

그러나 미국의 가정 심리 전문가 톰 그린스펀Tom Greenspon은 『아이와 완벽주의Moving Past Perfect』에서 〈완벽주의자는 뭘 해도 행복할 수 없다〉고 못을 박는다. 완벽주의자는 애당초 완벽할 수 없는 것들을 완벽하게 만들려고 기를 쓰는 사람이기 때문이다. 공부든 일이든 인간관계든 심지어 자기감정 조절까지 세상에서 완벽한 것은 거의 없는데도 그 모든 것을 완벽하게 만들려다 보니 자신을 들볶고 타인을 못 살게 군다는 것이다.

아이가 행복해지기 위해 버려야 할 것이 완벽주의다. 완벽주의자는 실패하면 인생이 끝나며 주변으로부터 사랑받지 못한다고 생각한다. 공부 성적, 착한 행동을 자신의 가치와 동일시하고, 주어진 모든 과제에 지나치게 높은 중요도를 부여한다. 그러다 보니 실패에 대한 두려움은 점점 커지고 결국 시작조차 안 하려 한다. 반대로 실수를 했을 때 〈나는 바보야! 다시 이런 실수를 해서는 안 된다〉와 같은 부정적 사고가 생긴다. 결국 죄책감, 불안, 좌절 등의 정서와 더는 실수해서는 안 된다는 완벽주의로 이어져 악순환이 된다.

수업을 하다 보면 해보기도 전에 겁을 먹고 〈저 못해요. 어떻게 하는 줄 모르겠어요〉, 〈아이들 앞에서 바보가 되고 싶지 않아요〉라며 시도나 모험을 감수하지 않는 아이들이 있다. 실수하는 것을 원치 않아 자신의 능력을 발휘할 기회로 여기기보다 이 일로 자존감이 손상될지 모른다고 생각하는 것이다.

이런 태도는 완벽하길 원하는 엄마 때문일 가능성이 크다. 그런 엄마들은 실패를 허락하지 않고 노력을 해도 쉽게 칭찬하거나 인정하지 않는다. 늘 〈더 나아지기를 요구〉하고 아이에게 자주 실망을 표한다. 이런 엄마의 인정을 얻기 위해 아이들은 무엇을 해도 만족할 줄 모르는 사람이 되거나, 정반대로 더는 힘들어 못 하겠다고 자신을 포기하는 사람이 된다.

실패를 기회로 여기면 도전 의식이 커진다

부모는 아이의 실패를 학습의 일부로 받아들여야 한다. 실패를 허락하지 않으면 성공적인 삶을 살 수 없다. 류가와 미카流川美加는 『서른, 기본을 탐하라』에서 다음과 같이 말했다. 〈펜실베이니아 주립 대학교의 한 교수가 체조 선수들을 대상으로 연구한 결과, 뛰어난 선수들은 보통 두 가지 특징이 있음을 알아냈다. 첫 번째, 완벽주의자가 아니다. 두 번째, 지나간 실수를 마음에 담아 두지 않는다. 그들은 완벽이나 실수에 연연하지 않고 앞으로의 도전에만 집중한다. 스스로 정한 높은 기준에 맞추기보다 열심히 자신을 칭찬하면서 《~해야 한다》는 논리를 갖지 않는다. 실수가 자신의 존재감을 보여 준다고 생각하지 않았기에 실패를 확대하여 해석하지 않고 꾸준히 연습했다. 수학자들은 실패를 확률로 말한다. 과학자들은 실패를 실험이라고 한다. 수많은 성공은 모두 실패가 쌓여서 이루어진 것이다. 실패는 성공에 꼭 필요한 과정이며 가장 중요한 투자다. 가장 많이 실패한 사람이 가장 많은 잠재력이 있다. 내 뜻대로 되지 않은 것은 실패가 아니라, 또 하나의 경험이 쌓이는 것이다. 넘어지면 넘어질수록 얻는 것도 많다. 빨리 넘어질수록 좌절에 대한 인내심 역시 강해진다.〉 실패 덕분에 포스트잇을 만든 3M사는 〈실패가 두려워 선택하지 못한다면 아무 것도 하지 못한다. 실패하지 않는 것은 앞으로 나아가지 않는다는 것이고, 헛디디지 않는다는 것은 걷지 않는다는 뜻〉이라고 실패를 예찬한다.

독일 배낭여행 중 기차에서 잘못 내린 적이 있다. 밤이 어둑해져 두려움이 앞섰지만 용기 내어 찾아간 곳은 생각지도 못한 고풍스러운 게스트하우스였다. 그 후로 나는 실패를 새로운 것을 시도하는 기회로 여기게 되었다. 실패에 대한 긍정적인 태도는 아이에게도 영향을 미쳤다. 실패를 낙오로 인식하는 엄마 밑에서 자란 아이는 실패를 상처로 받아들인다. 실패를 배움의 기회로 여기는 엄마 밑에서 자란 아이는 도전 의식을 갖는다. 실패는 부끄러운 것도 나쁜 것도 아니다. 다만 자신이 원하는 수준에 도달하지 못한 것일 뿐이다. 흔히들 이야기하는 〈회복 탄력성〉 즉 어떤 힘든 일이 닥쳐도 이겨 내고 다시 도전하는 〈마음 근육〉이 절실하다.

실패가 쌓이면 성공 확률이 높아진다

같은 질병이어도 어떤 아이는 걸리고 어떤 아이는 걸리지 않는다. 실패에 대한 면역력을 키워 주어야 어른이 되었을 때 실패해도 툭툭 털고 다시 시작하는 힘을 낸다. 걸음마를 할 때 다시 일어나기를 기다려 주듯이 다시 도전하도록 응원해야 한다. 스스로 일어나도록 시간을 주고, 아픔을 공감하고 다시 일어선 행동을 칭찬해야 한다. 한 번의 큰 승리보다 〈작은 승리들〉을 맛보게 하고 작은 실패를 이겨 내도록 도와야 한다.

다쳐서 보건실로 온 아이를 치료해 주면 꼭 이 상처 때문에 엄마한테

혼날거라고 말하는 아이가 있다. 아이는 다치기도 하고 실패도 하면서 크는데 엄마들은 그저 조그마한 상처에 큰 의미를 부여하고 아파한다. 실패가 쌓이면 경험이 쌓이고 경험이 쌓이면 성공할 확률도 높아진다는 것을 부모가 먼저 알아야 한다. 그 과정에서 무한한 긍정적 지지를 보내야 한다. 〈괜찮아, 처음부터 잘하는 사람은 없어. 멀리 보면 무섭고 두려워, 그러나 발아래만 보면 두렵지 않아〉라고 한 걸음씩 나아가게 응원해야 한다. 실패가 끝이 아니라는 것을 알려 주고 마음을 다독이면 아이는 어려운 상황을 잘 받아들이는 유연함을 가진다.

이번 시험에서 잘 못 봤지만 다음번에는 잘 볼 수 있다는 것을, 이번 도전에는 실패했지만 더 노력하면 다음에는 성공할 수 있다는 것을 떠올리게 해야 한다. 또한 당장 닥쳐 온 실패를 자아와 연결지어 확대 해석하지 않도록 해야 한다.

실수나 실패로 아이가 힘들어할 때 위로한다고 〈괜찮아, 별일 아니야〉, 〈울면 더 바보야〉라며 아이의 감정을 축소하거나 부정하면 안 된다. 그러면 아이는 자신의 도전이 가치가 없었던 것이라고 생각하고 더 속상하다. 〈많이 속상하지. 울고 싶으면 실컷 울어도 돼〉 하면서 지친 아이를 꼭 안아 주자. 실패는 다른 방법으로 재도전할 기회이다.

실패와 성공을 가르치는 데는 운동

운동은 실패와 성공을 가르치는 좋은 방법이다. 나는 지호와 봄, 여름에는 자전거와 인라인을, 겨울에는 스키를 즐겼다. 처음 스키를 배울 때

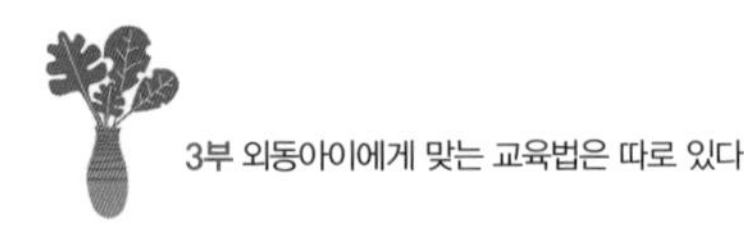

넘어지는 법과 일어서는 법을 배운다. 실패했을 때 제대로 서는 힘부터 연습시키는 것이다. 6세 때 처음으로 스키를 가르쳤는데 먼저 낮은 곳에서 기본자세와 넘어지는 법을 가르치고 초급 코스로 올라갔다. 아이는 깎인 듯한 내리막길을 처음 마주하고 잔뜩 겁을 먹었다. 〈처음에는 다 무서워. 엄마도 무서웠어. 너도 처음 스키 타고 걸을 때 힘들었지만, 지금은 잘 걷잖아. 마찬가지로 하다 보면 잘 할 수 있어. 멀리 보면 누구나 무서우니 우선 네 발아래만 보고 가보자〉 하고 아이를 토닥이며 격려했다. 아이는 알려 준 대로 발아래를 보고 내려왔고 넘어지면 다시 일어나기를 반복하면서 한참을 탔다.

그 후로 아이는 스키를 타면서 단계마다 두려움을 이겨 내고 용기를 내서 실패와 성공을 반복했고, 중급에서 최상급의 수준이 되었다. 스키를 통해 도전과 성취의 기쁨을 느꼈는지 아이는 폐장 시간임에도 더 타겠다고 떼를 부리며 집으로 돌아갈 생각을 하지 않았다. 두려움을 극복하게 하려면 실패를 견디고 극복할 정도의 과제를 주어야 한다. 아이에게 처음부터 최상급까지 〈다 타야 해〉 했다면 무서움에 기가 질려서 시도도 하지 않았을 것이다. 중요한 것은 완벽하지 않아도 사랑받고, 실패해도 잘 해 낼 거라는 믿음을 주는 것이다. 한 발자국 내딛는 것으로 시작하여 실패를 이겨 내야 그 성취감으로 높은 산을 넘을 수 있다.

여덟째
선물에 미안한 마음을 얹지 마라

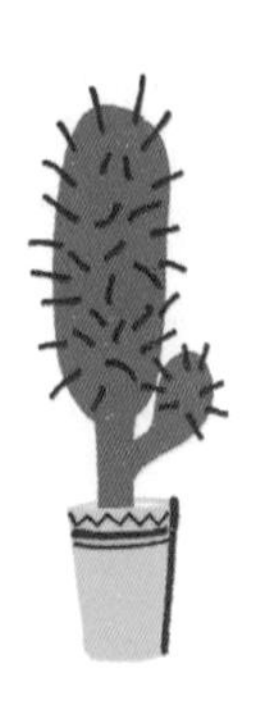

뉴스에 〈8포켓〉이라는 말이 나왔다. 귀엽고 소중한 외동아이의 입학식을 위해 할머니, 할아버지도 모자라 고모나 이모까지 주머니를 열어 돈을 쓴다는 내용이었다.

경제적으로 사랑을 표현하는 시대가 되었다. 많은 사람들이 큰 아파트, 좋은 차, 돈이 있으면 행복할 것으로 생각하듯 아이들에게도 좋은 장난감이나 명품 옷, 최신 게임기를 사주면 행복하리라고 생각한다.

부모가 직장인인 경우는 아이와 시간을 보내지 못하는 죄책감, 외동아이의 경우는 외로울 것이라는 걱정, 또 형제가 있는 아이의 경우는 똑같이 잘 돌봐 주지 못한다는 미안함 때문에 무엇으로라도 보상해야 한다고 생각한다. 외동아이일수록 용돈이나 선물로 대체해 부모의 사랑을 확인시키려 한다. 함께 놀아 달라는 아이의 칭얼거림에 엄마 대신 애착 인형을, 같이 놀아 줄 아빠 대신 게임기를 손에 쥐어 주며 선물이라고 한다. 잘한 행동이나 성적이 좋으면 선물

과 돈을 주기도 한다. 그러나 아쉽게도 보상에 따른 선물이나 용돈은 아이의 마음을 움직이기는커녕 의욕을 떨어트린다.

아이와 흥정하지 마라

미국의 스탠포드 대학교 심리학자들이 어느 유치원 아이들을 세 그룹으로 나누어 그림을 그리게 했다. 첫 번째 아이들에게는 그림을 잘 그리면 상품을 주겠다고 하고 약속대로 상품을 주었다. 두 번째 아이들에게는 상품을 준다는 약속을 하지 않았지만 그림을 그린 후에 예기치 않게 상품을 주었다. 마지막 아이들에게는 상품을 준다는 약속 없이 그림을 그리게 하고 아무런 상품도 주지 않았다. 얼마 후에 유치원을 다시 방문하여 원생들이 칠판에 그림을 그리는지 살펴보았다. 상품을 기대했던 첫 번째 아이들은 그림을 그리며 노는 시간이 절반으로 줄었고, 예상하지 못한 상품을 받은 두 번째 아이들은 지난번보다 오래 그림을 그리며 놀았다. 그러나 아무런 보상을 받지 못한 세 번째 아이들은 그룹 중에 가장 오래 그림을 그리며 놀았다. 이처럼 선물이나 칭찬 등의 외부적인 동기가 있을 때는 결과만을 중요시하여 자유롭게 사고하기 어렵고, 과정의 즐거움을 느끼지 못한다. 선물이나 용돈이 목적이 되게 해서는 안 된다. 칭찬을 받기 위해 춤추는 고래는 더 이상 춤이 즐겁지 않다.

아이들은 선물, 용돈을 주었을 때 잠깐 의욕을 보일 뿐 보상이 사라지는 순간 있던 흥미조차 떨어지고, 점점 더 크고 강력한 보상이 있어야만 움직였다. 처음에는 효과를 보이지만 장기적으로는 기다릴 줄 모르고 자기중심적이 된다. 원하기도 전에 먼저 이것저것 준비해 주면 의존적인 성향이 되며 원하는 것은 무엇이든지 얻어야 직성이 풀리고, 원하는 것을 얻지 못할 때도 있다는 걸 받아들이지 못한다.

장자크 루소Jean-Jacques Rousseau는 〈자녀를 불행하게 만드는 가장 확실한 방법은 언제나 무엇이든지 손에 쥐어 주는 것〉이라고 했다. 원하는 것을 다 들어 주면 아이는 경쟁과 타협을 경험할 기회를 가질 수 없다. 엄마가 쉽게 지갑을 열면 더 많은 돈을 요구하고, 오로지 보상을 위해 행동할 뿐이다. 어릴 때는 적절한 보상이 효과적이지만 초등학생이 되면 돈, 상장, 선물 등으로 흥정하지 말아야 한다. 자신이 하고자 하는 동기를 물질로 바꾸는 순간 많은 것들을 잃는다.

지호가 5학년 때 〈다른 아이들은 시험 100점 맞으면 원하는 거 사준다는데 나도 시험 잘 보면 뭐해 줄 거야?〉라고 물어 왔다. 시험을 잘 보면 왜 원하는 것을 사주어야 할까? 지호는 100점 맞는 것이 엄마를 위하는 일이라는 생각을 하는 듯했다. 〈물론 엄마도 네가 노력해서 점수가 잘 나온다면 기쁠 거야. 그렇지만 그건 네 점수이고 가장 기쁜 사람은 아마 너일 거야. 기뻐하는 너를 보면 나도 무지 행복하겠는걸〉 하고 대답했다. 그리고 〈시험 결과와 상관없이 너 자신이 열심히 했다고 생각될 때 맛있는 고기를 먹으러 가자〉고 했다.

아이와 흥정하지 마라. 공부도 엄마를 위해 해준다고 생각하듯이 밥 먹는 것, 학교 가는 것 등도 엄마를 위한 것이라며 흥정하려 들기 때문이다. 사람들은 조건을 내걸 때 딱 그만큼만 하려고 한다. 아이도 마찬가지이다. 〈이것 좀 부탁할게〉 하면 꼭 조건을 내거는 아이들이 있다. 거래에 익

숙한 아이들은 보상이 주어지지 않으면 움직이지 않는다.

가장 원하는 선물은 재미와 즐거움

외동아이에게 어떤 것이 좋은 선물일까? 바로 재미와 즐거움이다. 아이는 즐거움과 만족감, 재미 때문에 노력해야 한다. 진정한 장인들은 명예나 성공을 위해서가 아닌, 자부심과 만족 혹은 타인에게 도움이 된다는 뿌듯함으로 단련한다. 아이에게도 놀이나 공부를 즐기게 해야 한다. 그 기쁨의 맛을 본 아이들은 더 열정적으로 움직인다.

세계 명작 마크 트웨인의 소설 『톰 소여의 모험The Adventures of Tom Sawyer』의 주인공 톰 소여는 밤늦게 돌아다니다가 걸려 화창한 토요일에 담장에 페인트칠하는 벌을 받았다. 자신을 약 올리는 친구 벤에게 톰은 페인트를 칠하는 게 좋다고 했다. 〈우리 같은 애들한테 페인트칠할 기회가 날마다 있는 줄 알아? 이런 일을 제대로 할 수 있는 애는 아마 1천 명에 하나, 아니 2천 명에 하나 있을까 말까 할걸?〉 하며 그 벌을 자신의 즐거움이라고 했다. 톰 소여의 이 한마디에 벤은 자기도 시켜 달라며 먹던 사과까지 내준다. 톰은 못 이긴 척 벤에게 붓을 넘겨주었고 그걸 본 다른 친구들도 앞다퉈 줄을 선다.

신경 과학자이자 미래학자인 대니얼 핑크Daniel H. Pink는 『드라이브Drive』에서 당근과 채찍에는 치명적인 결점이 있다고 말한다. 그는 〈시키지 말고 하고 싶게 만들라〉고 말한다. 일을 놀이로 변환하여 스스로 즐기게 만드는 것이다. 반대로 놀이가 일로 변하는 경우도 있다. 자발적으로 잘하고 있는데 누군가가 통제하거나 결과에 대한 보상을 걸어 두면 더 이상 그 일을 즐길 수 없다. 이를 〈톰 소여 효과〉라고 부른다. 자신과 아이의 관계가 거래인지 사랑인지 생각해 보자. 아이들은 공부에서 돈이 아닌 즐거움, 만족감, 자존감을 원한다. 어떻게 하면 아이에게 재미와 즐거움을 줄까? 많은 돈을 들여서 비싼 교구를 사주고, 학원을 보내고, 과외를 시키는 것으로 아이를 즐겁게 할 순 없다. 아이에게 좋은 선물을 하는 방법 몇 가지를 제안한다.

아이에게 선물하는 방법

첫 번째, 엄마 아빠와 함께할 재미와 즐거운 경험을 선물해라. 즉각적인 물질적 보상을 주기보다는 재미와 기쁨을 알도록 호기심, 놀이, 탐험의 시간을 함께 가지자. 대화하면서, 맛있는 것을 먹으면서 함께 놀이 계획을 짜보자. 함께 가족 여행을 가고, 평소 하고 싶어 했던 일을 하고, 아무것도 하지 않아도 그냥 함께 있어 주자. 시간을 내어 엄마라는 장난감을 선물로 주어 보자.

두 번째는 부족함을 선물하자. 특히 외동아이를 키우는 부모는 돈으로 환산되는 선물은 주지 말아야 한다. 부족함은 아이에게 무언가를 하도록 동기를 부여한다. 요제프 H. 라이히홀프Josef H. Reichholf는 『자연은 왜 이런 선택을 했을까?Naturgeschichten』에서 〈종 다양성은 물질이 풍부할 때가 아니라 부족할 때 확보된다. 열악한 환경에 기를 쓰고 적응하는 생물의 노력이 다양성으로 이어진단 뜻이다. 밀림이 무성한 아마존은 뜻밖에도 토양에 영양분이 거의 없다. 그래서 식물이든 동물이든 생존을 위해 몸부림을 칠 수밖에 없다. 다른 말로 우리는 종 다양성이 넘친다고 표현한다.〉

결핍은 더 노력하게 하는 동기가 된다. 아이가 무엇을 원하더라도 그것을 스스로 얻을 때까지 기다려 주거나 때론 어떠한 노력이 필요한지 알려 주어야 한다. 때론 남에게 물려받은 것도 사용하게 하고 원하는 것도 포기하게 하고 싫은 일도 하게 해보자.

아이가 만약 돈을 모아 보겠다고 하면 평소 하는 일 목록에 신발 정리, 거실 정리, 엄마 도우미 등을 추가하자. 또한 아이가 비싼 것을 원할 때는 협상을 통해서 아이가 부담할 액수를 정한 뒤 선물을 했다. 아이의 돈이 어느 정도 들어가야 그 물건의 소중함과 가치를 알기 때문이다.

외동아이에게 미안함과 죄책감을 보상하고 싶을 때는 사랑을 주고, 물건을 선물해야 할 때는 결핍을 함께 주자. 선물로 보상하는 것은 아이를 망치는 지름길이다. 자기를 사랑해서가 아니라 미안해서 잘해 주는 것이라고 바로 알아챈다. 10대가 되면서 부모가 원하는 것과 반대되는 행동을 하고 반항도 하지만, 그러면서도 마음 깊은 곳에서는 여전히 부모의 사랑을 원한다. 이때 아이에게 함께 할 수 있는 시간과 결핍을 선물하자. 그러면 아이는 즐거움과 만족감 그리고 자신감을 모두 얻을 수 있다.

③ 행복한 엄마가 행복한 아이를 만든다

지금 알고 있는 걸
그때도 알았더라면

엄마들에게 자녀가 어떻게 자라길 바라느냐고 묻자 대부분 〈행복한 아이〉로 자랐으면 좋겠다고 대답했다.

〈행복한 아이〉로 키우기 위한 엄마의 역할을 묻는 질문에 초등학생 아들 하나를 둔 엄마는 〈좋은 대학에 보내야 하고, 그래서 공부를 열심히 시켜야 해요〉라고 답했다. 어린 딸 하나를 둔 엄마는 〈어떤 아이이길 바라기 전에 내가 어떤 부모가 돼야 하는지를 고민하는 게 먼저예요. 부모는 아이의 거울이라 나를 따라하며 자연스럽게 살아갈 거예요〉라고 멋진 대답을 했다.

아이가 유치원이나 초등학교에 들어가면 〈행복한 아이〉로 키우겠다는 마음이 쉽게 무너지곤 한다. 남들보다 잘하기를 바라는 마음으로 본격적으로 공부를 시키곤 하는데, 그러면 인생의 먼 것을 보여 주기보다 바로 앞의 성적만 보게 하고 그것만 키워 주는 학부모가 되기 쉽다. 잘하고 좋아하는 것을 찾아주고 조금 앞서서 방향을 알려 주는 코칭이 필요한데, 엄마의 뜻대로만 아이를 가르치는 티칭을 하게 되는 것이다. 학부모들은 충분한 시간과 관심을 들여 공부를 시킬수록 좋은 성적도 얻고 성공하여 행복해질 거라고 믿는다. 또 모든 것을 희생할 준비가 되어 있다. 그러나 성공은 허상일뿐 행복한 삶은 나와 무관하다고 생각하는 사람들이 늘고 있다.

특별한 열정으로 살면 특별한 삶이 된다

아이 셋을 낳은 C는 〈첫째는 100점을 맞아 오는 것이 당연해서 하나라도 틀리면 혼을 냈다. 그러나 둘째는 점점 기대치가 낮아져서 80점, 셋째는 가방 들고 학교에 가는 것만으로도 할 일 다 한다는 생각이 든다〉라고 말했다. 기대치가 높아 애정을 더 쏟았던 첫째는 사는 동안 서로 상처를 주고받아 관계가 어색하고 힘들다고 했다. 나머지 아이에게는 알아서 해주는 것만으로도 고마워하다 보니 사이도 좋고 사회적으로 더욱 성공적인 삶을 살고 있다고 한다.

부모의 욕심대로 크면 좋지만, 오히려 반대인 경우가 많다. 인생은 예측한 대로 흘러가지 않으며, 안달하지 않아도 아이들은 자신의 길을 간다. 다자녀나 외동아이를 키워 낸 엄마들은 모두 비슷한 말을 하며 후회했다. 〈왜 그렇게 아이에게 안달했나 모르겠어. 애들은 스스로 잘 크는데 말이야. 그때 알았다면 나도 아이도 행복했을 텐데.〉

레프 톨스토이Leo Tolstoy 단편선 『세 가지 질문Three Questions』은 삶의 진리를 찾기 위해 은사를 찾아가 질문을 하는 왕의 이야기이다. 그 질문은

다음과 같다. 첫째, 이 세상에서 가장 중요한 시간은 언제인가? 둘째, 이 세상에서 가장 중요한 사람은 누구인가? 셋째, 이 세상에서 가장 중요한 일은 무엇인가? 은사는 〈이 세상에서 가장 중요한 시간은 현재이고, 가장 중요한 사람은 지금 내가 대하고 있는 사람이며, 이 세상에서 가장 중요한 일은 지금 내 곁에 있는 사람에게 선을 행하는 일이다. 인간은 그것을 위해 세상에 온 것이다. 그러므로 당신이 날마다 만나는 사람에게 최선을 다하여야 한다〉고 했다. 보통의 삶이라도 특별한 열정으로 살면 특별한 삶이 된다. 어제와 똑같이 살면서 다른 미래를 기대하는 것은 모순이다. 행복이란 남들이 부러워하는 좋은 차나 큰 집을 갖는 것이 아니다. 불안, 권태, 무관심을 넘어 지금 자신이 소중하다고 생각하는 사람과 함께하는 삶이야말로 진정한 행복이다. 아이가 어릴 때에는 엄마가 행복을 만들어 주지만 차츰 스스로 행복을 찾게 해야 한다.

한참 장난을 치며 산책하는 중에 아이가 말놀이 게임을 제안했다. 〈ㅎ, ㅂ으로 시작되는 글자를 말하는 게임이야.〉 나는 생각나는 대로 〈호박, 화방…〉 하며 계속 단어를 내놓았는데 아이는 〈행복이라는 말을 듣고 싶어서 게임을 하자고 했는데…〉라고 말하며 다정하게 팔짱을 끼었다. 행복은 멀리 있는 파랑새가 아니다. 순간순간의 기분 좋은 느낌이 쌓여 행복한 인생이 만들어진다. 자신의 감정을 선택하듯이 행복도 선택할 수 있다. 대강 차린 저녁에도 〈맛있다〉를 연발하며 먹는 모습을 바라보는 것, 사랑하는 사람이 좋아하는 요리를 생각하며 장을 보는 것, 파를 송송 썰어 넣어 만든 양념 간장을 묵 위에 뿌려 놓고 갈빗살을 구워 내는 것, 이 모두가 기쁨이 될 수 있다. 살면서 느끼는 이러한 소소함이 사람을 행복하게 만든다.

다이애나 루먼스Diana Loomans는 『만일 내가 다시 아이를 키운다면If I Had My Child to Raise Over Again』에서 다음과 같이 말했다. 〈만일 내가 다시 아이를 키운다면 먼저 아이의 자존심을 세워 주고 집은 나중에 세우리라. 아이에게 손가락으로 명령하기보다 함께 손가락 그림을 더 많이 그리리라. 아이를 바로잡으려고 노력하기보다 아이와 하나가 되기 위해 더 많이 노력하리라. 시계에서 눈을 떼고 아이를 더 많이 바라보리라. 만일 다시 아이를 키운다면 더 많이 가르치는 법을 배우기보다 더 많이 관심 갖게 하는 법을 배우리라. 자전거도 더 많이 타고 연도 더 많이 날리리라. 들판을 더 많이 뛰어다니고 별들도 더 오래 바라보리라. 더 많이 껴안고 더 적게 다투리라. 도토리 속의 떡갈나무를 더 자주 보리라. 덜 단호하고 더 많이 긍정하리라. 다른 힘이 아닌 사랑의 힘을 보여 주리라.〉

요즘엔 아이의 적성에도 관심을 가지며 행복하게 사는 것이 중요하다고 생각하는 부모들이 늘어 간다. 하지만 〈아이를 행복하게 하는 방법〉을 찾아내는 게 어려운 것은 사실이다. 어떡하면 행복해지는지 자신의 부모로부터 배운 적이 없기 때문이다. 그러나 행복은 부모에게서밖에 배울 수 없으므로 아이가 행복하려면 엄마가 행복해야 한다. 행복을 느껴 본 아이만이 어른이 되어서도 행복을 만든다. 아이는 부모의 지식보다는 살아가는 태도, 가치관, 생각, 인격 등의 자질을 닮는다. 마찬가지로 행복 또한 닮아 가고 전염된다. 니컬러스 크리스태키스Nicholas A. Christakis는 『행복은 전염된다Connected』에서 사회적인 관계의 놀라운 힘에 관해 이야기한다. 가족이나 친구가 행복한 사람은 행복감이 15.3퍼센트 더 증가한 것으로 나타났다. 이 효과는 세 단계 건너까지 나타났다. 만약 옆집의 친구가 행복하다면 나의 행복감이 9.5퍼센트 높아졌다. 친구의 친구의 친구가 행복해도 5.6퍼센트 높아진다. 네 단계까지 가서야 그 영향력은 없어진다. 가장 가까운 관계인 아이와 엄마 사이의 영향력은 얼마나 강할까. 행복해지고 싶으면 행복한 사람 옆에 있어야 한다. 내가 행복하면 옆 사람의 행복감을 15퍼센트씩 올려 줄 수 있다. 이것이 엄마가 행복한 사람이 되어야 하는 이유다. 내가 언제 행복한지, 어떤 생각을 할 때 행복한지 등 끊임없이 자문해야 한다. 나는 하나를 낳아 기르면서 일과 양육, 두 가지 행복을 모두 얻었다. 엄마가 행복해서인지 아이는 〈착한 아이〉나 〈어른 아이〉가 아닌 온전한 자기 자신으로 잘 커주었고 스스로 행복하다고 느끼며 산다.

불안과 아이와의 관계를 바꾸지 마라

미래만을 생각하는 사람은 걱정이 많아 늘 행복하기가 쉽지 않다. 걱정을 해도 안 해도 결과는 크게 달라지지 않는다. 불안이라는 본질을 들여다보고 바꿀 수 있는지 아닌지를 판단해 어떤 것에 집중하고 어떤 것에 힘을 뺄지 결정해야 한다.

3세가 되면 아이는 세상으로 나아가기 시작해 차츰 엄마의 손이 덜 필요하다. 외동아이를 키우는 엄마는 아이가 커가면서 할 일이 줄었음에도 더 아이에게 집중하고 신경을 곤두세워 지적하고 고치려 한다. 그러면 아이는 오히려 자존감을 잃고 위축된다. 아이에게 과한 관심이나 기대를 줄일 방법은 자신을 계발하는 데 시간을 투자하는 것이다.

심리학자 알프레드 아들러는 『항상 나를 가로막는 나에게』에서 〈삶이 힘든 것이 아니라 나 자신이 힘든 것이다. 어려움에서 나를 구출해 내는 것도, 곤경에 빠뜨리는 것도 나 자신이다. 진정한 의미에서 나를 방해할 사람은 아무도 없다. 일이 풀리지 않는다고 생각될 때에는 자신이 했던 말과 행동을 추적해 보아라. 그러면 알게 될 것이다. 항상 당신을 가로막은 것은 당신이었다. 나를 막는 나를 넘어서 변화를 시도해야 한다〉고 말했다.

외동아이를 행복하게 키우고 싶다면 아이와의 관계를 희생하지 말아야 한다. 성적 비교나 자존심, 허영심에서 벗어나 아이 모습을 있는 그대로 받아들이면 봄 햇살이나 스쳐 지나가는 바람에도 행복을 느낄 수 있다. 〈아이를 키우면서 사는 행복한 인생〉의 실천법은 〈매 순간을 즐기는 것〉이다. 행복은 소소한 감정이지 커다란 감정이 아니다. 그러니 성적과 아이와의 관계를 바꿔서는 안 된다. 아이의 지금을 행복하게 만들어 주자. 그래야 마음 편하고 재미있게 즐기면서 같이 성장할 수 있다.

어떻게 하면 행복감을 전해 줄 수 있을까? 바로 행복을 느끼는 경험을 주면 된다. 인생은 팝콘과 비슷하다. 팝콘이 터지려면 압력과 열이 필요하듯 아이의 행복감을 터트려 주려면 행복의 경험이 필요하다. 엑슬라이더의 김연아가 되겠다고 따라 하다가 넘어져 웃는 지호의 모습을 동영상으로 볼 때마다 더욱 아이가 보고 싶어진다. 아이가 찍지 말라고 구박했는데도 불구하고 미용실에서 머리 자르는 모습을 영상으로 남겨 놓길 잘했다고 생각한다. 아이와 함께한 행복했던 기억은 행복감을 가져온다. 그것은 아이에게도 마찬가지일 것이다.

어느 날 잠자리에 들면서 나는 먼 훗날 이 세상에서 어떤 의미로 남게 될까를 생각했다. 수많은 사람에게 영향을 끼치지는 못했지만 하나뿐인 내 아이가 나로 인해 행복하고 상처를 치료받고 건강을 지켰다면 그리고 아이의 삶에 작게나마 긍정적인 변화를 주거나 도움이 되었다면 그것만으로도 가치 있는 삶이 아니었을까? 하는 생각이 들었다. 아이를 키우는 시간은 잠깐이다. 재미있게 즐겨야 한다. 매 순간 변화무쌍한 아이와 함께한 들뜨고 재미있고 행복한 시간은 또다시 오지 않는다.

가슴으로 보고 마음으로 키워라

영화 「4등」은 수영에 재능이 있는 4학년 진호의 이야기다.

대회에서 매번 4등을 하는 진호를 바라보며 1등에 대한 집착을 버리지 못하는 엄마는 유명 코치에게 수영을 배우게 하고 더 잘해야 한다고 진호를 닦달한다. 어느 날 엄마는 진호의 온몸에 멍이 든 것을 보았다. 그러나 아시아 신기록까지 달성한 국가 대표 출신 코치가 1등을 시켜 준다는 말에 멍자국을 보고도 그만 눈을 질끈 감아 버린다. 폭력의 공포에 떠는 아이를 애써 외면한 것이다. 아이의 미래를 위해서 눈을 감는 것이 그 엄마의 사랑 방식이었다. 아이가 힘들고 아픈데도 1등이 우선이었다.

어떤 것이 아이를 위하는 것인지 혼란스러울 때가 많다. 어떤 엄마는 〈당장의 아픔을 외면하지 않는 것이 엄마의 사랑〉이라고 하고, 또 다른 엄마는 〈당장은 힘들고 가슴이 아프지만 성공해야 행복할 수 있으니 현재를 견디게 하는 것이 엄마의 사랑〉이라고 한다. 행복을 향해 가는 방식은 제

각기 다르기 때문에 어느 것이 맞다고 하기 어렵다.

측은지심이 없는 것은 사랑이 아니다

엄마의 사랑은 다양하지만 이 한 가지는 꼭 마음속에 품어야 한다. 바로 안타까워하는 마음 〈측은지심〉이다. 효종이 맹자의 책을 두고 스승과 토론한 적이 있다. 그 책 안에는 사람이 지녀야 할 4가지 마음이 적혀 있었다. 〈타인의 고통을 보고 놀라 아파하는 마음〉, 〈잘못하면 부끄러워서 고치려는 마음〉, 〈다른 사람에게 자리와 기회를 양보하는 마음〉, 〈어떠한 상황에서도 무엇이 옳고 그른지를 가리는 마음〉이었다. 그러나 책의 대부분은 타인의 고통을 보고 아파하는 마음인 측은지심에 대한 내용이었고 다른 내용은 간략하게 언급하는 정도였다. 효종은 그 이유가 궁금해서 물었다. 스승은 나머지 세 가지의 마음이 이루어지려면 반드시 측은지심이 전제되어야 하기 때문이라고 답했다. 상대를 불쌍히 여긴다는 것은 관심을 갖고 그 마음을 알아차리며 이해한다는 것이다. 측은지심이 없을 때는 사랑이 아니다.

특히 외동아이를 키우는 엄마에게 꼭 필요한 덕목이기도 하다. 혼자 커야 할 아이에게 엄마라는 존재는 힘들 때마다 지지하는 든든한 버팀목이기 때문이다. 아이가 그 사랑을 느끼도록 표현하는 것이 중요하다. 인형을 잃어버렸을 때 별거 아니라고 생각해서 다시 사준다고 말하면 엄마의 사랑을 느낄 수가 없다. 인형을 잃어버린 것이 얼마나 슬픈 일인지 엄마가 이해하지 못하면 자신을 사랑하지 않는다고 느낀다. 시험을 못 봐 힘들어하면 긴 인생에서 별거 아니라고 충고하기보다 아이의 마음을 이해하고 함께 아파해야 한다. 그것이 측은지심을 바탕으로 하는 사랑이다. 이런 마음이 있어야 화를 내도 아이는 그 화가 자신을 위한 것임을 안다.

남편은 아이와 많은 시간을 함께하지 못하므로 아이를 섣불리 혼내서는 안 된다고 생각했다. 사랑 표현의 기회가 많은 엄마가 훈육을 해야 한다며 아이가 고쳤으면 하는 행동을 나에게 말했다. 아무리 화려한 말과 세련된 논리로 말해도 마음이 담겨 있지 않으면 신뢰도가 떨어진다. 사랑은 머리로 하는 것이 아니라 가슴으로 하는 것이다.

하나를 애지중지 키우는 엄마들은 쉽게 아이의 마음에 공감한다. 그러나 차츰 커가면서 기대와 욕심은 측은지심을 빼앗아 간다. 원하는 대로 할 때만 사랑을 주고 그렇지 않을 때는 비난하는 것은 욕심이다. 조건적인 사랑은 아이의 삶을 불안하게 만든다.

대한민국은 현재 학생 행복 지수 꼴찌, 학생 자살 증가율 1위다. 아이들이 불행한 나라의 오명에 걸맞게 엄마도 아이를 키우는 것이 여전히 힘들다고 한다. 많은 엄마들이 물질적으로 사랑을 표현한다. 자신에게는 단돈 1만 원도 아까워하면서 아이에게는 지원을 아끼지 않는다. 그리고 노력을 기울인 만큼 그에 상응하는 결과가 나오기를 바란다.

함께 대학원에서 공부했던 D는 전공도 꿈도 하물며 결혼도 엄마가 정한 대로 해왔다. 결혼 후 아이를 낳았지만 매일이 우울했고 항상 마음이 무거웠다. 아이를 낳아 키우면서 어느 순간 자신이 그토록 싫어했던 엄마의 모습이 되어 있음을 발견하고 절망했다. 모든 것을 다 해주면서도 아이가 시험 문제 하나 틀릴 때마다 다그치고 화내고 때리고 자책하고 있었던 것이다. D는 상담 심리 대학원을 다니면서 조심스럽게 스스로의 상처를 들여다보았다. 그 안에는 엄마의 사랑과 인정에 목말라하는 불쌍하고 가여운 아이가 서 있었다. 〈위로받지 못했던 아이〉였던 자신을 바라보았고 주변으로부터 쉽게 상처받고 항상 아파해야 했던 이유를 알았다. 〈왜 그렇게 모질게 했냐〉고 엄마에게 따져 묻자 돌아오는 것은 〈내가 못해 준 것이 무엇이냐. 해달라는 거 다 해주고 할 수 있는 전부를 쏟아 이만큼 좋은 직업 갖게 해서 잘 키워 줬는데 엎드려 절이라도 해야지〉라는 대답뿐이었다.

자신이 노력하고 희생한 만큼 아이에게 결과를 바라는 엄마들은 성적이 떨어지면 예뻐하지 않고, 힘들어해도 안쓰러워하지 않는다. 〈엄마가 이만큼 했으니 너도 이만큼 해야지〉라는 보상 심리가 크게 작용하기 때문이다. 하지만 아이의 입장은 다르다. 엄마는 사랑을 주었다고 생각하지만 제대로 된 사랑이 아니어서 아이는 사랑을 받지 못했다고 느낀다. 모든 정신 질환의 원인은 어릴 적 제대로 된 사랑을 받지 못한 데서 온다. 미성숙한 부모의 사랑 때문이다.

어릴 때 받지 못한 사랑을 아이에게 받으려는가

심리학자 알프레드 아들러는 부모에게 생존을 의지해야 하는 아이는 살아남기 위해서 무의식적으로 사랑을 〈주는 것〉보다 〈받는 것〉에 탁월하다고 말했다. 어릴 때 충분한 사랑을 받았던 아이는 성인이 되어 그 사랑을 배우자나 아이에게 돌려 준다. 하지만 어릴 때 제대로 된 사랑을 받지 못하면 어른이 되어 자신의 아이에게 사랑을 받으려 하고 이를 통해 행복해지기를 바라며, 자신의 기준에 맞을 때만 사랑을 준다. 이것은 아이에게 〈주고받기〉를 기대하는 것이다. 아이가 가진 장점만을 사랑하면 욕심이 생긴다. 사랑이 어려운 이유는 그만큼 바라는 게 많기 때문이다.

이유가 있는 것은 사랑이 아니다. 상대가 사랑받을 행동을 하지 않더라도 〈무조건〉 사랑하는 것이다. 성숙한 부모는 사랑을 돌려받으려고 하지 않는다. 프랑스 소설가 스탕달Stendhal은 〈사랑에는 한 가지 법칙밖에 없다. 그것은 사랑하는 사람을 행복하게 만드는 것이다〉라고 했다.

『포춘Fortune』이라는 경영 잡지는 그해 가장 존경받는 기업과 최고 경영자를 뽑아 커버스토리를 구성한다. 편집장 토마스 스튜어트Thomas A. Stewart는 〈우리 목록에 들기 위해서 리더들이 반드시 실천해야 할 덕목이 있다. 투자가들이 금기 사항으로 꼽는 항목이기도 하다. 그것은 바로 사랑에 빠지는 것이다. 잘 자르는 리더가 있고 잘 고치는 리더, 잘 보호하는 리더, 잘 만드는 리더들도 있다. 그러나 가장 위대한 항목은 무엇보다 사랑하는 것이다〉라고 했다. 가슴으로 경영하는 것이 존경받는 기업의 필요 조건임을 의미한다. 엄마도 한 가정을 이끄는 리더로서 가슴으로 아이를 대하는 사람이 되어야 한다. 에리히 프롬은 『사랑의 기술』에서 〈사랑이 단순한 감정인가, 지식이나 노력이 요구되는 기술인가〉라고 물었다. 다시 말해 사랑은 감정이나 느낌이 아니다. 사랑은 의지이고 노력이다. 인디언의 단어 사전에는 사랑이라는 단어가 없다. 그것을 표현하려면 몸으로밖에 할 수 없기 때문이다. 사랑이란 상대의 개별성과 독립성을 인정하고 상대의 행복을 위해 의지를 갖고 행동하는 것이다.

우리 집은 항상 파티할 준비가 되어 있다

영화 「포레스트 검프」의 주인공 포레스트는 남들보다 한참 낮은 IQ에 다리마저 불편해 어린 시절 또래 아이들의 놀림거리였다.

스쿨버스에 올라타면 아이들은 포레스트가 자기 옆자리에 앉지 못하게 〈주인 있어!〉라고 소리치곤 했다. 유일하게 옆자리를 내준 제니가 포레스트에게 이렇게 말했다. 〈네가 원하면 앉아.〉 그 이후 베트남전에서 만난 흑인 동료 쉬림프도 그에게 거리낌 없이 옆자리를 내주었다. 포레스트는 인생의 친구 둘을 갖게 된다.

살아가면서 친구의 영향은 크다. 친구가 단 하나라도 있으면 소속되어 있다는 안정감을 준다. 새로운 학기가 시작되면 외동아이를 둔 엄마는 〈아이의 친구 사귀기〉가 고민이다. 따돌림으로 상처받거나 자살하는 등의 사건들을 미디어에서 접할 때마다 아이의 친구 관계에 더 신경이 쓰이는 건 어쩔 수 없다. 잘 지낸다고 생각했던 아이가 갑자기 학교를 안 가겠다거나, 잠을 잘 못 자고 머리나 배가 아프다며 불안해하면 혹시 따돌림을 받는 것은 아닌지 덜컥 걱정된다. 아이들이 학교 가는 이유 중 하나가 친구 만나기일 정도로 학교에 잘 적응한다는 것은 친구 관계가 좋다는 것이다. 특히 초등학교 고학년부터 중학교 생활은 친구 관계가 전부라해도 과언이 아니다.

좋은 친구를 만나는 것은 좋은 부모를 만나는 것과 같다. 부모가 아이를 받쳐 주고 지지하는 뿌리라면 친구는 내면의 꽃을 피우게 돕는다. 하임 기너트는 『부모와 아이 사이Between Parent and Child』에서 〈친구는 서로에게 유익하고 도움이 되어야 합니다. 서로의 성격을 보완할 수 있는 친구들과 사귈 기회가 필요합니다. 내성적인 아이에겐 조금 더 외향적인 친구가 필요하고, 부모의 과잉보호를 받는 아이에겐 조금 더 자율적인 놀이 상대의 친구가 좋습니다〉라고 이야기한다. 작가 에런 더글러스 트림블Aaron Douglas Trimble은 〈등 뒤로 불어오는 바람, 눈앞에 빛나는 태양, 옆에서 함께 가는 친구보다 더 좋은 것은 없으리〉라며 친구의 가치를 강조했다. 행복하기 위해선 반드시 또래 간에 애정과 소속감을 경험하는 것이 필요하다.

부모와 관계가 좋은 아이는 친구 관계도 좋다

세상을 향해 나아가는 첫 시기인 2~3세는 친구 사귀기가 중요하다. 어릴 때부터 자연스럽게 사회성을 기르지 못하면 친구 관계가 큰 의미를 갖는 사춘기에 문제가 생긴다. 또래들과 잘 어울리고 싶지만 잘 지내는 방

법을 몰라 외톨이가 되는 등 대인 관계의 어려움을 겪는 경우가 많다. 소아 정신과 의사 서천석은 『우리 아이 괜찮아요』에서 이런 아이들에 대해 언급한다. 〈타인에 대한 공감이 취약할 경우, 자신이 받는 스트레스를 타인을 대상으로 해소하려고 할 경우, 인간관계에서 행위의 적절한 한계를 배우지 못했을 경우 왕따 문제를 일으킵니다. 어른이 되었다고 누구나 성숙한 것은 아니기에 어른 사회에서도 왕따가 나타날 수 있습니다.〉 사회적 관계 형성과 경험에서 상대에 대한 공감이 중요함을 말하고 있다. 미국의 교육학자들도 친구들과 잘 어울리지 못하는 아이가 학교를 중퇴할 확률이 8배나 높다는 사실을 지적하며, 이러한 문제는 일시적이 아니라 살아가는 동안 불안, 우울과 같은 정서적인 문제와 뒤섞이면서 자존심에 심한 손상을 준다고 말한다.

외동아이는 사회성의 기초를 부모와의 관계에서 배우기 때문에 부모와 관계가 좋은 아이는 친구 관계도 좋다. 그 관계의 기술은 태어나는 순간부터 온몸으로 엄마에게서 배운다. 엄마가 눈앞에서 사라지기만 해도 울던 아기는 3세쯤 되면 세상에 대한 호기심이 증폭되어 주변에 관심을 둔다. 이때 사회성 발달의 황금기가 찾아온다. 엄마에게 받은 충분한 애정과 사랑을 바탕으로 다른 사람을 배려하고 존중하는 법을 익힌 아이는 자신감을 갖고 또래 아이와도 같은 방식으로 관계를 맺는다.

나는 다양한 친구들과 함께 어울리게 하면서 타협과 배려, 요구, 양보 등 때에 맞는 경험을 시켰다. 놀이를 하는 과정에서 싸움이 일어났을 때는 갈등을 어떻게 해결해 나가는지 지켜보았다. 뭐든지 자신의 뜻대로 되지 않는다는 것을 알려 주고, 불만의 감정을 다루는 법과 그 상황을 조절하는 능력을 길러 주었다. 흔히들 친구의 숫자가 많을수록 사회성 좋은 사람이라고 생각하는데 사실 숫자는 중요하지 않다. 내성적이었던 지호는 처음에는 부끄러움을 탔지만 환경에 익숙해지면 명랑했고, 두세 명의 친구들과 마음을 털어놓고 깊은 관계를 맺었다. 대학생이 된 지금도 중학교 때 친구들과 소속감과 연대감을 느끼며 행복해한다. 방학 때 한국에 오면 새벽에 도착한다는 소리에도 친구들이 밤을 새우고 공항으로 마중 나가곤 했다. 친구가 많고 적고는 상관없다. 한두 명이라도 관계가 깊은 친구는 형제자매나 다름없다. 아이는 엄마에게서만 세상을 배우는 것이 아니다.

나는 지호가 많은 사람으로부터 세상을 배우도록 다른 사람과 어울리는 자리를 자주 가졌다. 가까운 이웃, 친척, 놀이터, 놀이 교실을 방문하여 여러 아이와 함께할 기회를 의도적으로 많이 만들었다. 부모가 아무리 친구처럼 같이 이야기하며 놀아 준다고 해도 아이가 가장 즐거워하는 순간은 또래 친구들과 놀 때다. 함께 어울린다는 것은 행복의 동행자를 얻는 것이다.

다른 사람에게 줄 것이 있어야 한다

지호를 낳고 시댁에서 분가하면서 아이와 단둘이 있게 되었다. 그때부터 퇴근 후나 주말에는 되도록 집 밖에서 지냈다. 놀이터나 공원에서 조금 쑥스러워도 지호와 비슷한 또래의 아이들을 보면 〈몇 살이에요. 참 귀엽네요!〉 하며 말을 건네고 다양한 정보를 나눴다. 이렇게 친해진 친구들

과 함께하는 시간을 갖기 위해 〈늘 열려 있는 집〉을 만들었다.

우리 집은 항상 파티할 준비가 돼 있었다. 지호보다 어린 옆집 아이는 물론 유치원 친구들도 언제든지 놀러 오게 했다. 초등학교 때는 아이 방문이 닫히면 아이들 세상을 침범하지 않기 위해 간식 줄 때를 빼고는 간섭하지 않았다. 집에 놀러 왔던 지호 친구와도 친해지면서 누구와, 어디에서 노는지, 요즘은 무얼 하는지를 자세히 알 수 있었다. 그러면서 지호와도 더 많은 공통 대화가 생겨 친구처럼 수다를 떨면서 친구 역할을 할 수 있었다.

또한 가까운 곳에 사촌들이 있어 어울릴 기회가 많았다. 시댁을 가든 친정을 가든 아이에겐 또래나 언니, 오빠들이 있었다. 가끔은 내 친구 가족들과도 만나거나 여행도 함께 다녔다. 여행을 가면 잘 때 이불을 쫙 펴놓고 아이들이 파자마 파티를 하며 같이 어울리도록 만들어 주었다. 공연이나 미술관 등 인근 공원을 갈 때도 함께 어울리곤 했다. 아이는 여러 아이와 지내면서 규칙과 예절을 자연스럽게 배웠고, 집에서는 지키지 않아도 되지만 집 밖에서는 지켜야 하는 것이 있다는 것을 알아 갔다. 다른 사람에게 피해 주지 않는 법도 익히며 타인과 잘 지내는 아이로 커갔다.

초등학교에 들어가면서 아이의 세상은 학교 친구 중심으로 변했다. 초등학교 1학년 때 모임이 고학년 때까지 이어질 정도로 지호는 친구에게 영향을 많이 받았다. 저학년 때는 엄마들끼리도 친구가 되어 어른은 어른대로 필요한 정보를 얻었고 아이는 아이대로 어울려 노는 방법을 배웠다. 논술이나 캠핑 등 소규모 체험 모임을 만들어 같이 하기도 했다. 그러나 이런 모임은 대부분 낮에 이루어져 직장 다니는 엄마는 참석하기가 쉽지 않았다. 그래도 기회가 생기면 되도록 참석하려고 노력해야 한다. 초등 저학년 때 몇 번의 전학으로 엄마 모임이 없던 나는 지호가 4학년이 되어 부회장 임원이 되면서 엄마 모임에 들어갔다. 임원 엄마들은 학급에 도움이 되는 일들을 주로 하였는데 격주로 토요일마다 교실 청소를 했다. 아이가 4학년 때만 해도 내 직장이 주6일 근무제여서 청소 활동 시간을 맞추기 어려웠다. 그래서 청소가 있는 주에는 서둘러 아이와 엄마들이 먹을 어묵, 떡볶이, 김밥, 피자 등을 양손에 가득 들고 참석하여 내가 가능한 일을 했고, 엄마들의 수고에 감사를 표했다. 관계라는 것은 서로 주고받을 때 유지되는 것이라서 내가 아무것도 주지 않는다면 더 이상 관계가 유지되지 않는다. 직장을 다녀도 최대한 함께 도와야 어울릴 수 있다.

요즘은 마을 공동체에서 또래 엄마들끼리 공동 육아 형태인 품앗이를 하기도 한다. 아들 하나를 둔 엄마는 〈집에서는 항상 응석부리던 아이가 품앗이에선 형이 되어 자세가 달라지고 의젓해지더라고요. 자기만 생각하던 아이들이 과자도 나누고, 서로 양보하는 모습이 얼마나 예쁜지 몰라요〉 하면서 좋아했다. 좋은 이웃과 친구는 그 존재만으로도 삶을 풍요롭고 안정적으로 만든다. 그 관계의 시작은 내가 먼저 좋은 친구가 되는 것이다. 좋은 친구가 되려면 그들에게 도움될 것이 있어야 한다. 상대가 도움이 필요할 때 적극적으로 관심을 가지고 도움을 주면 어느새 그들은 나와 내 아이의 든든한 지원군이 된다. 아이를 키우기 위해서는 한 마을이 필요하다는 말이 있듯이, 엄마와 아이를 도울 사람이 많다는 것은 중요한 자원이다. 꼭 육아를 위해서가 아니어도 인간관계를 잘하려면 나도 도움이 되는 한 분야의 전문가가 되어야 한다. 〈세상은 어떤 식으로든 기브 앤드 테이크Give and Take〉다.

아이들을 데리고 스키장에 간 적이 있었다. 나와 아이들은 함께 스키를 탔고, 나머지 엄마들은 함께 데려온 동생들이 강습받는 것을 지켜보았다. 함께 강습을 받던 한 아이가 잘 못 탄다고 혼이 났는지 안 타겠다고 투정을 부렸고, 엄마는 어찌할 줄을 몰라 했다. 나는 그 두 아이를 데리고 초급 코스로 올라갔다. 〈폴대를 들고 항아리 안고 간다 생각하고 가는 거야. 우와 잘한다! 몇 시간 밖에 안 배웠는데 한 번밖에 안 넘어지고도 잘 타는구나…〉 하며 열심히 노력하는 모습을 칭찬했다. 두 아이는 신이 나서 달렸다. 나중에는 더 타겠다고 아우성이어서 엄마들이 어떻게 하면 시무룩했던 애들이 저리 신나 하느냐고 고마워했다.

이런 모임은 서로에게 도움이 되어야 오래 유지된다. 내가 줄 수 있는 것으로 품앗이하는 것이다. 이렇게 돈독해진 사이 덕분에 내가 아이를 챙기지 못할 때 주변 엄마들이 대신 챙겨 주었다. 임원 모임에서 만나 친해진 한 친구와는 여전히 함께 가족 여행을 가거나 공연을 보러 다닌다.

고학년이 되면서 지호는 엄마 친구의 아이들보다 더 친한 자기만의 친구를 만들었다. 중학교 때는 세 친구와 어울렸고 이들과 가족 여행도 함께갔다.

외동아이가 외로울 것이라는 걱정, 사회성에 문제 있을 거라는 걱정은 버리자. 형제자매가 없어도 이웃사촌들이 훌륭한 친구가 된다. 아이의 사회성은 함께 즐기려는 자세만 있으면 충분히 가능하다. 아이에게 진정한 친구를 만들어 주고 싶다면 먼저 아이와 친구들을 위해 맛있는 음식을 준비하고 멋진 영화 한 편을 준비하여 파티를 기획해 해보자. 나 먼저 우리 집 문을 활짝 열고 사람들이 놀러 오게 해야 한다. 도움을 받기 위해서는 도움도 주어야 한다. 내 아이가 사랑스럽듯 온 마을의 아이를 내 아이처럼 키우려는 마음을 가져야 온 마을 사람도 내 아이를 사랑스럽게 키운다. 내 아이만 잘 키우면 된다는 생각이 아닌 우리의 아이로 품어 내는 엄마의 지혜가 필요하다. 외동아이를 키우는 엄마는 적극적이고 의도적으로 집 문을 열고 문 밖의 아이들을 맞이해야 한다.

정보가 아닌
지식을 준비하라

TV 예능 프로그램 「고부 스캔들」에서 시어머니와 며느리의 육아법이 서로 달라 갈등을 겪는 모습을 본 적이 있다.

손녀딸이 너무 이쁘다며 아이 입에 뽀뽀를 하는 시어머니를 보고 며느리가 기겁을 했다. 육아 책에서는 어린아이 입에 뽀뽀하는 것을 어른의 구강 내 세균을 옮기는 것이라며 금지한다. 시어머니는 〈예전에는 밥을 씹어 아이 입에 넣어 줘도 다들 건강하게 컸는데 아이가 하나뿐이라서 유난을 떤다〉고 못내 서운해했다. 며느리는 이 말도 맞는 것 같지만 그 행위가 하나뿐인 내 아이를 아프게 할 것도 같아 혼란스럽다.

나는 사는 데 필요한 대부분의 것들은 배웠으면서도 정작 내 인생에서 가장 필요한 〈부모가 되는 법〉은 어디에서도 배울 수가 없었다. 〈임신 8주입니다〉라는 의사의 말을 듣는 순간 임신과 관련된 책을 찾아 보았지만 현실감이 없었다. 아이가 태어나면 저절로 크는 줄로 알았다. 더욱이 한

달 일찍 태어난 아이를 키우기 위해서는 알아야 할 것이 너무나 많았다. 주위의 인생 선배, 육아 관련 책, 인터넷에서 육아 정보를 얻었다. 이런 육아 정보는 엄마가 되는 순간 찾아오는 고민과 두려움을 없애 주었다. 과학적인 정보는 나의 육아를 예측 가능하게 했다. 특히 몰라서 못해 준 것을 뒤늦게 후회하지 않도록 해주는 최소한의 장치이기도 했다. 아이의 발달 단계의 이해부터 아기 마사지, 운동, 놀이, 좋은 음식 등은 초보 엄마인 나에게 길잡이가 되었다.

좋은 정보라도 내 아이에게 안 맞으면 무용지물

과학적으로 입증된 좋은 정보도 있지만 검증되지 않은 다양한 의견과 정보도 많다. 누구는 권위적으로 키우라고 하고 누구는 자유롭게 키우라라고 한다. 이러한 극단적인 정보들은 혼란을 준다. 특히 초등학교에 들어서면 그 정도는 더 심해진다. 엄마들 몇몇이 모이면 절대 빠지지 않는 것이 육아 정보이다. 아이를 키우기 위해서는 무관심한 아빠, 돈 많은 할아버지, 엄마의 정보력이 있어야 한다고 말할 정도로 아이의 교육은 곧 엄마의 〈정보전〉이라는 인식이 만연하다. 그러나 많은 엄마들이 열심히 정보를 얻고 그대로 해주었는데 〈왜 효과가 없을까〉 하고 실망하고 〈나와 내 아이는 안 되나 보다〉 하며 자책한다.

강현식과 박지영의 『세계 1등을 키워 낸 그 어머니들의 자녀 교육 심리』라는 책에서 〈부모의 정보 선택이 아이의 상태를 전혀 고려하지 않은 채 이뤄지고 있는 것이 문제〉라고 했다. 〈자녀 교육에 대한 정보를 받아들일 때는 아이의 상태에 맞춰서 가감을 하고, 부모와 아이의 성향을 고려한 원칙을 찾아야 한다〉는 것이다. 남들에게 좋은 정보지만 나의 아이에게 안 맞으면 좋은 정보가 아니다. 좋은 엄마가 되기 위해서도 마찬가지다. 자신의 성격, 기질을 고려하여 정보를 습득하고 스스로 행동화하고 발전시켜서 자기만의 지혜를 얻어야 한다. 육아서가 기준은 될 수 있지만 그것을 적용할지의 여부는 아이의 기질과 상황에 따라 달라져야 한다.

〈무조건 따라하기〉를 멈추자

같은 부모 밑에서 같은 방식으로 교육을 받은 형제들이 왜 각기 다른 인생을 살아갈까? 사람마다 타고난 기질이나 유전자가 다르기 때문이다. 완벽한 통제로 큰아이를 하버드 대학교에 보낸 어느 타이거맘은 같은 방식으로 둘째 딸을 교육했지만, 딸은 엄마의 교육 방식을 거부했다. 그러나 가족 모두가 성공한 가정을 보면 당시 유행하던 교육 정보에 휩쓸리지 않는 공통된 교육 철학이 있었다. 그들은 아이의 개성을 존중하고 그에 따른 교육 정보를 적절하게 적용했다. 즉 교육 정보와 아이의 정보를 함께 분석하여 나온 결과를 바탕으로 올바른 육아 지식을 쌓아 간 것이다. 정보에 아이를 맞춰서는 안 된다. 그러면 아이도 부모도 스트레스를 받는다. 육아 정보 대로 혹은 사회가 요구하는 인재상 대로 모두 맞출 필요도 없고 맞출 수도 없다.

자신만의 장점을 찾아야 한다

외동아이를 키우는 엄마인 나에게는 보편적인 육아 정보 외에도 외동아이를 위한 정보가 필요했다. 직장 다니면서 혼자 아이를 키웠던 선배들에게 조언을 얻거나 관련 책을 보면서 외동아이의 장점과 단점에 대한 정보를 수집했다. 그러나 형제 있는 아이나 외동아이나 키우는 방법에는 큰 차이가 없었다. 아이는 그저 부모의 양육 태도와 기질에 따라 달라진다. 이때 항상 마음속에 두어야 하는 한 가지는 하나뿐인 귀중한 내 아이라서 저지를 수 있는 부모의 오류를 경계하는 것이었다. 사랑해서 귀가 멀고, 귀해서 눈이 멀고, 아까워서 과보호하는 건 아닌지 늘 생각했다. 아이를 너무 엄하게 또는 너무 자유롭게 대하지는 않는지 그 균형의 적정선에서 나 자신을 늘 점검했다.

정보에 휘둘리기보다 아이의 소질과 적성에 집중해야 한다. 바깥에서 정보를 찾기 이전에 아이의 성향과 소질, 적성 등 아이만의 정보를 찾는 것이 더 중요하다. 아나운서 백지연은 〈아는 것과 이해하는 것은 다른 것이고, 무엇보다 이해하는 것과 삶에 적용하는 것은 다른 것이다. 좋은 말을 듣거나 읽으며 고개를 끄덕인다 해도 적용하지 않고 활용하지 않고 응용하지 않으면 내 삶을 변화시킬 에너지가 되지 못한다〉라고 했다. 정보와 지식을 구분하는 것은 실천 여부에 있다.

또한 나의 성향에 맞는 방법도 찾아야 했다. 아이를 잘 키웠다는 경험 바탕의 육아서를 보면 엄마들은 두 가지 유형으로 나뉜다. 철저한 계획하에 아이를 격려하며 이끌고 가는 엄마와 적당히 큰 틀 안에서 자유롭게 키우는 엄마였다. 나는 직장 맘으로서 주부 맘처럼 시간과 정성을 다 쏟을 수도 없고 책에 나온 대로만 따라하다가는 얼마 못 가서 금방 지칠 것 같았다. 나는 철저하거나 까다롭지도 않아 사람들의 행동에 관대했다. 사람을 잘 믿어 주는 내 성격을 고려해 아이가 자유롭게 선택하고 실패해도 다시 일어나 도전하는 삶을 살도록 〈적당한 큰 틀 안에서 자유롭게 키우는 통제 방목형〉을 선택했다. 되도록 아이를 꼼꼼히 챙기지 못하는 단점을 극복하려고 노력하는 한편 〈가르치는 육아〉가 아니라 〈보여 주는 육아〉를 목표로 삼았다.

엄마는 좋은 의도로 가르치려고 하지만 아이에게는 잔소리가 된다. 보여 주는 엄마가 되니 아이는 나를 점점 많이 따라 하게 되었다. 가르쳐서 된다면 시간 많은 사람이 더 많은 것을 가르칠 것이고 시간이 부족한 사람은 당연히 제대로 가르치지 못할 것이다. 나의 상황까지 고려해 내 삶을 통해 아이가 보고 배우도록 했다.

아이의 발달 단계에 따른 올바른 정보의 육아서도 필요하지만, 행동을 책임지고 실천할 내면의 힘과 관점의 힘이 필요하다. 나는 지식을 〈아는 것〉, 즉 방법론을 넘어서 실천법을 찾고자 했다. 아이와 문제가 생길 때마다 그 원인이 무조건 나에게 있다고 인식했다. 엄마로서의 역할과 마음가짐이 해이해질 때마다 무엇이 문제인지를 생각하고 올바른 삶의 관점을 알려 주는 자기 계발서를 읽고 내면의 힘을 키웠다.

엉뚱한 곳에서 정보를 찾지 말고 먼저 내 안에서 지식을 준비하자. 나를 알고 내 아이를 아는 것이 진짜 내 지식이다. 이론이 있어야 원칙이 서고, 실수의 오차를 줄일 수 있다. 하지만 지식을 알고 있더라도 막상 실천하려면 잘 되지 않아 결국 아는 데에만 그치는 경우가 많다. 지식이 습관으로 정착되려면 꾸준한 연습과 훈련이 필요하다. 연습과 훈련을 거쳐서 스스로 할 단계에 이르렀을 때에야 〈할 줄 아는 단계〉 즉, 자신의 습관이 되었다고 말할 수 있다. 그럼에도 매번 다이어트 결심처럼 작심삼일이 되는데 그것은 당연하다. 다시 3일이 지나 약발 떨어질 때 즈음 다시 결심을 하고 이것이 반복되어 습관이 되었을 때에야 비로소 자신의 지식이 되고 실천이 된다.

아이가 보고 자라는 사람은 오직 부모뿐

〈코이〉라는 물고기는 어린 아이와 많이 닮았다.

이 물고기는 작은 어항에다 기르면 5~8센티미터밖에 자라지 않지만 커다란 수족관이나 연못에 넣어 두면 15~25센티미터까지 자란다. 그리고 강물에 방류하면 90~120센티미터까지 성장한다. 같은 물고기이지만 어항에서 기르면 피라미만 해지고, 강물에 놓아 두면 대어가 되는 신기한 물고기이다. 이를 두고 사람들은 〈코이의 법칙〉이라고 한다. 아이도 이러한 법칙과 같이 부모와 환경에 따라 생각이나 가치관, 능력, 미래가 달라진다. 외동아들을 둔 한 엄마는 아이에게 좋다는 건 뭐든지 가르치며 키웠는데, 정작 자신이 버리고 싶은 부분을 꼭 닮아 가는 모습을 보며 무척 힘들어했다. 아이는 가르치는 것에도 영향을 받지만 자라면서 보아 온 것에도 영향을 받는다.

아이는 부모의 거울이다

많은 교사가 학부모 상담을 하면서 〈아이는 부모의 거울〉이라는 말을 실감한다고 한다. 상담하러 오는 엄마들을 보면 〈아이가 도대체 왜 이러는지 모르겠다〉고 아이 탓으로 문제를 돌리지만 조금만 살펴보아도 말투, 생각, 행동 등 사소한 것까지 아이와 똑같다는 것이다. 이것은 유전자의 영향도 있겠지만, 부모와 아이가 많은 시간을 함께 했기 때문이다. 밥 먹을 때의 모습부터 식성, 먹고 난 후 〈잘 먹었습니다〉라고 마음을 전달하는 방식까지 아이는 부모를 닮는다. 그러나 엄마들은 아이를 말로 가르치려고 한다. 소파에 누워 TV를 보며 아이에게는 미래를 위해 공부해야 한다고 말한다.

어느 날 엄마들 모임에 갔더니 하나같이 아이 키우기가 너무 힘들다고 아우성이었다. 과연 엄마 노릇이란 무엇일까? 누군가의 질문에 나는 〈엄마 노릇은 잘 보여 주는 것이야〉 하고 말했다. 본인이 실천하지 못하는 것을 말한다면 그 말은 힘을 잃는다. 도덕 시간에 수많은 가르침을 받아도 범죄를 저지르는 사람이 있듯이, 아이는 가르침이나 잔소리 등 훈계로 자라는 것이 아니다. 아이의 마음을 움직이는 건 눈에 보이는 행동이다. 애써 가르치지 않아도 내가 하는 행동을 보면서 아이는 자연스럽게 배운다.

바라는 것이 있으면 내가 먼저 행동하자

지호가 유치원 때 놀이 수학 센터에서 다과 파티를 열었다. 부모와 아

이 모두 참여하는 작은 파티로 수학 게임 대회를 즐기는 파티였다. 루미크루라는 게임으로, 카드에서 플래시나 스트레이트 하듯이 3개씩 맞혀지면 내려서 가장 먼저 없애는 사람이 이기는 게임이었다. 지호에게 멋진 모습을 보이고 싶었던 나는 간단하게 게임 카드를 만들어 집에서 연습했다. 실전의 그날 결승전에 올라갔고 결국 우승을 하여 커다란 명화 퍼즐을 상품으로 받았다. 우리는 함께 퍼즐을 맞추면서 기뻐했고 자랑스럽게 벽에 걸어 두었다. 또 한 번은 태권도 학원에서 하는 간장 잡기 달리기 체육 대회에 참가했다. 나는 달리기를 못하지만, 아이에게 멋진 엄마가 되고 싶었다. 아이가 나를 바라보기 때문이다. 1등은 못하더라도 반드시 등수 안에 들어 상품을 타고 싶었다. 그래서 앞뒤 가릴 것 없이 죽을힘을 다해 뛰었다. 골인 지점에서 2등은 할 수 있겠다고 생각하고 몸을 날려 간장을 잡으려 손을 뻗치려 하는 순간 바짝 쫓아왔던 다른 엄마가 간장을 발로 차버렸다. 나는 굴러간 간장을 끝까지 쫓아가 잡았다. 아이는 상품을 안고 〈저녁이 더 맛있을 것 같아〉 하며 뿌듯해했다. 매 순간 아이에게 노력하는 모습을 보이고 싶었던 나는 일등이 안 되더라도 열심히 하는 모습을 보여 주려고 했다. 아이도 이런 엄마를 보고 배웠을까? 뭐든 시도하려고 하였고 무언가를 하려고 앉으면 2~3시간 동안 움직이지 않고 집중했다. 지호와 나는 외모뿐만 아니라 성격도 닮아 가고 있었다.

아이에게 원하는 행동이 있으면 어떻게 해야 할까? 영국 수상 윈스턴 처칠은 사석에서 이런 질문을 받았다. 〈당신처럼 존경받는 인격을 갖추려면 어떻게 해야 합니까?〉 그는 빙긋이 웃으며 대답했다. 〈글쎄요. 비결 같은 것은 없습니다. 대접을 받고 싶으면 먼저 대접해 보세요. 당신이 그들을 대접하는 대로 당신을 대접할 것입니다.〉 나는 아이에게 심어 주고 싶은 행동을 말로 알려 주기보다 직접 보여 주었다. 노력하는 자세를 갖게 하고 싶으면 나부터 노력했다. 외동으로 혼자 커서 사회성이 부족할까 봐 염려가 될 때는 남과 나누는 모습을 보여 주었다. 내가 자신을 사랑하고 열심히 최선을 다해서 살면, 아이도 자신을 사랑하고 최선을 다해서 열심히 살 것으로 생각했다.

내가 좋은 사람이 되어야 아이도 좋은 사람이 된다는 나의 교육 철학은 결혼 전 나의 게으르고 나태했던 생활 습관을 바꿔 놓았다. 게으름을 피우고 있다가도 아이가 오는 소리가 들리면 책을 읽었고, 운전하면서도 교통 법규를 꼭 지켰으며, 거리에 휴지를 보면 줍는 등 초등학교 교과서에 나오는 생활 속 질서를 모두 지켰다. 아파트 단지 안에서 넘어져 상처 난 아이를 돌봐 주었고 수돗물, 전기도 아껴 썼다. 나도 하지 못 하면서 아이에게 하라는 것은 거짓이기 때문이다. TV를 보지 말라는 소리를 하는 대신 거실을 책장으로 만들었고, 아이가 공부할 때는 옆에서 아무 책이라도 읽었다. 아이가 본격적으로 공부해야 할 시점인 중학교에 들어가서는 상담 심리 대학원에 들어가 틈나는 대로 내 공부를 했다. 때론 아이와 함께 도서관에서 공부하고 매점에서 파는 군것질거리를 사 먹으며 함께 휴식했다. 아이가 바른 말씨를 쓰기를 원하면 나부터 바른 말씨로 대화했다. 최선을 다하는 아이로 키우려면 내가 먼저 최선을 다해서 살면 된다. 예절 바른 아이로 키우려면 내가 예절 바른 사람이 되면 된다. 아이가 밝고 명랑하고 행복하게 살길 원한다면 내가 행복하면 된다.

가장 어려운 사람은 바로 내 아이

늘 아이 앞에서 내 행동을 살폈다. 친구들은 가끔 왜 아이 눈치를 보느냐고 핀잔하였지만 나는 아이를 한 사람으로 대접했고, 아이가 보고 있었기에 행동을 조심했다. 가장 사랑하지만 가장 어려운 사람은 바로 내 아이다. 좋은 것이든 나쁜 것이든 고스란히 영향을 받기 때문이다. 아이가 초등학교 6학년 때 남편과 사이가 좋지 않았던 때가 있었다. 싸우더라도 아이 없는 곳에서 싸웠고 싸우다가도 아이가 있을 때는 감정을 추스르고 포커페이스로 평상시처럼 대했다. 하지만 아이는 집안의 분위기를 느꼈고 얼굴은 밝지 않았다. 싸우더라도 아이가 없는 곳에서 하고, 만약 한다면 아이와 상관없는 일이라고 이야기해야 한다. 친구들 간에도 서로 의견이 맞지 않으면 맞추어 가듯이, 엄마 아빠 또한 생각을 맞추는 중이라고 하면 아이는 이해한다.

외동아이를 키우는 엄마 아빠는 힘의 균형이 어느 한쪽으로 기울지 않게 조절하는 것이 중요하다. 아이에게 상대방의 욕을 한다면 아이는 누구 편을 들어야 할지를 생각하며 양심에 가책을 느끼고 고립감을 느낀다. 딸 하나를 둔 E는 부부 싸움 할 때 아이를 자기편으로 만들려고 상대방을 비방했다. 아이는 어떻게 해야 할지 불안해했다. 부부 싸움 할 때는 아이를 개입시키거나 중재자로 만들지 말아야 하고, 엄마와도 아빠와도 똑같이 좋은 관계를 맺도록 조절해야 한다. 아빠와 만나는 시간이 적다면 세 명이 함께일 때에도 아빠와의 시간을 더 준다거나 둘만의 시간을 보내도록 하면 부부 사이가 나쁘더라도 아이는 영향을 덜 받는다.

누구나 그럴싸한 말을 할 수 있지만, 행동은 생각을 가시화하는 수고가 들어가는 과정이므로 행동으로 보여 주는 것은 좀 더 성숙한 교육 방법이다. 사랑은 말이 아니라 행동이다. 아이를 진정으로 사랑한다면 행동해야 한다. 만일 바닷게가 자신은 옆으로 걸어 다니면서 새끼들에게 앞으로 걷는 훈련을 시킨다면, 새끼 게들이 바로 걸을 수 있을까? 절대로 그럴 수 없다. 그 이유는 단 한 가지이다. 부모가 모범을 보여 줄 수 없기 때문이다.

자신의 행동을 매 순간 점검하자

저학년 때는 말로 가르치는 것이 효과가 있지만 고학년이 되면서는 자신의 생각이 생기므로 엄마의 말이나 행동이 옳지 않다면 그 말을 따르지 않는다. 어릴 때는 엄마라는 렌즈를 통해서 주관적으로 세상을 바라보았다면 커가면서 주변 사람들을 통해 세상을 좀 더 객관적으로 보기 시작한다. 엄마가 아이를 평가하듯이 아이도 엄마를 평가한다. 아이에게 존중받으려면 어른다운 성숙함이 있어야 한다. 옳고 그름을 판단하고 비판할 줄 아는 고학년이 될수록 엄마의 행동은 더욱 중요하다. 아이는 설득되었을 때 그리고 민주적일 때 납득하고 따라 한다.

나는 아이에게 닮고 싶은 인생의 멋진 선배로 기억되기를 바랐다. 좋은 선배가 되기 위해서는 인간적으로나 공적으로나 좋은 멘토가 되어야 한다.

나는 육아를 하고 직장을 다니면서 개인적으로 성장하고 있었다. 그래서 지호가 초등학교 저학년 때 친구의 엄마를 보고 〈엄마도 일 안 하면 안 돼?〉라고 말했을 때 〈너도 학교 가서 공부를 하면서 즐겁듯, 엄마도 일을 하면 행복해〉라고 이야기할 수 있었다. 엄마가 일을 하며 행복해하는 모습을 본 아이는 엄마의 일을 받아들였고 커갈수록 엄마를 자랑스러워했고 닮고 싶어 했다. 정신분석학자 카를 융은 〈부모가 원하지 않는 삶을 살 때 자녀들은 심리적으로 가장 큰 영향을 받는다〉고 강조했다. 엄마가 자신이 원하는 삶을 살 때 아이도 자신이 원하는 삶을 산다. 나는 아이가 커가면서 시간적 여유가 생겼고 정서적 안정감을 얻으면서 육아뿐만 아니라 직장에서도 몰두할 수 있었다. 내가 연구 대회 전국 교육 자료전에 나가서 수상하는 모습, 여성부 장관상을 타는 모습, 신문에 나온 것 등을 보며 지호는 엄마의 성장하는 모습을 자랑스러워했다. 어느 날 친구가 지호에게 〈「EBS 다큐 프라임」을 보다가 너희 엄마 나와서 깜짝 놀랐다〉고 말하더라는 것이다. 그러더니 빙그레 웃는 얼굴로 엄지를 세우고 〈짱인데!〉라며 흐뭇해했다. 엄마가 무슨 일을 하던 사회에 도움이 되는 사람, 쓸모 있는 사람임을 인식했을 때 아이도 그런 사람이 되려고 노력한다.

직장 맘으로서 아이가 어릴 때는 힘들었지만 그때가 지나면 오히려 직업을 갖는 것이 아이의 진로에 좋은 영향을 준다. 사회생활을 하는 엄마는 사회의 넓은 시각과 가치관을 전할 수 있다. 아이는 대학교 입학원서에 멘토를 적는 난에 〈엄마〉가 아닌 〈엄주하〉라는 이름을 적었다고 한다. 왜 엄마 이름을 썼냐고 물었더니 엄마 이상으로 자신의 인생의 멘토이기 때문이라고 말했다.

아이에게 가르치는 대로 내가 먼저 행동하고 있는지 매 순간 점검해 봐

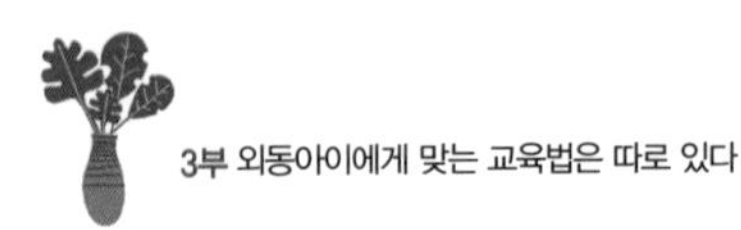

야 한다. 외동아이에게 부모는 세상 전부다. 초등학교 시절 학년 초가 되면 〈가정환경조사서〉라는 가정 통신문을 받아왔다. 전세인지 자택인지, 냉장고가 있는지 없는지 등의 재산 상태나 부모의 직업, 형제자매 유무를 적는 것이었다. 지금은 없어졌지만 만약 다시 생긴다면 부모의 가치관을 엿볼 수 있는 다음의 질문들이 아이의 가정 환경을 파악하는데 도움이 되지 않을까? 부모는 자녀를 얼마나 사랑하는가, 긍정적이고 행복하게 살아가는가, 화가 날 때 자녀에게 어떻게 감정 표현을 하는가, 사회적 약속을 중요하게 생각하고 잘 지키는가.

긍정의 한마디가 아이의 운명을 만든다

일본에서 가장 존경받는 기업인은 마쓰시타 고노스케松下幸之助이다.

그는 가난해서 초등학교도 제대로 졸업하지 못했다. 그러나 하늘로부터 세 가지 은혜를 받았다고 한다. 〈가난했기에 부지런히 일했고, 허약해서 틈틈이 건강을 돌봐 90세가 넘도록 살아 있고, 못 배웠기에 늘 무언가를 배우려고 노력했으니 이것이 은혜가 아니고 무엇이겠는가.〉 흔히 말하는 일명 흙수저임에도 불구하고 삶을 바라보는 관점과 긍정적인 마인드를 지니고 있었다. 그가 존경받는 이유도 팍팍한 현실과 좌절 그리고 이로 인한 분노 앞에서 긍정적인 마음을 갖는 것이 어렵기 때문이다.

긍정적인 마음을 가져야 할 사람은 바로 아이의 미래를 책임질 엄마다. 특히 외동아이를 키우는 엄마라면 무조건 긍정적이어야 한다. 아이를 키우면서 불안감을 가지면 그것은 곧 부정적인 미래로 이어지기 때문이다. 마더 테레사는 〈생각을 조심하세요, 언젠가 말이 되니까. 말을 조심하세

요, 언젠가 행동이 되니까. 행동을 조심하세요, 언젠가 습관이 되니까. 습관을 조심하세요, 언젠가 성격이 되니까. 성격을 조심하세요, 언젠가 운명이 되니까〉라고 말한다. 엄마가 가진 긍정적인 생각, 말, 행동, 습관, 태도가 아이의 인생을 결정한다.

부정적인 언어는 아이를 슬프게 한다

그러나 엄마들은 긍정적인 말 한마디의 중요성을 알지 못하는 것 같다. 강아지를 품에 꼭 안은 한 엄마는 강아지 발에 흙을 묻혔다고 아들을 비난했다. 〈어제 씻겼는데 또 씻겨야 하잖아. 하지 말라는 짓은 골라서 해. 내가 너 때문에 못 살아.〉 그 말에 아이는 바로 주눅이 들었다. 아들보다 강아지가 더 소중해 보이는 순간이었다. 그 아이는 10살 정도 되어 보였는데 살아오면서 부정적인 말을 몇 번이나 들었을까 생각해 보니 가슴이 답답해졌다. 아무런 생각 없이 습관적으로 〈죽겠다〉, 〈내가 너를 어떻게 키웠는데…〉라는 말을 하며 부정적인 태도를 보이는 엄마들이 있다. 설마 내 아이에게 진심으로 그런 말을 하겠느냐고 말하지만 아이는 그동안 엄마가 쏟아부었던 말 그대로 자란다. 평소에 하는 말을 녹음하고 그걸 다시 들려주면 아마 〈내가 이런 말을 했어?〉 하면서 자신이 어떤 말로 주변 사람에게 상처를 주는지 놀랄 것이다.

외동아이를 키우는 어떤 엄마들은 〈엄마 아빠는 너뿐이야, 그러니 잘 해야 돼〉라고 말한다. 하물며 진지하게 〈장가가지 말고 엄마랑 평생 살자〉, 〈엄마가 정해 준 여자랑 결혼해라〉고까지 하며 압박과 스트레스를 준다. 〈말은 마음을 담는다. 그래서 말에도 체온이 있다〉라는 어떤 드라마 대사가 있다. 엄마가 무심코 내뱉은 부정적인 언어는 아이들의 마음을 차갑고 슬프게 한다.

반면에 따뜻한 말은 살아가는 데 등대 역할을 한다. 하나뿐인 아이에게 좋은 미래와 행복한 삶을 주고 싶다면 먼저 생각, 말, 행동, 습관, 태도를 들여다보자. 내 안에 긍정과 부정이 얼마큼 들어 있는지 자신의 과거를 되돌아보아야 한다.

〈한글날 특집〉으로 한 TV 프로그램에서 말의 힘에 대한 실험을 했다. 두 개의 병에 쌀밥을 넣고 각각의 병에 대고 말을 거는 실험이었다. 한 병에는 고운 말인 〈고마워, 사랑해, 용서해〉를, 다른 병에는 미운 말 〈짜증나, 힘들어, 미쳤어〉를 했다. 결과를 본 지호는 말도 안 된다고 했고 나도 그 결과에 깜짝 놀라 〈밥도 귀가 있다는 걸까?〉 하며 스스로 실험을 해보았다. 집에 돌아다니던 잼 병 두 개를 찾아서 갓 지은 쌀밥을 3분의 1 정도 담고 비닐을 덮고 뚜껑을 닫아 밀봉했다. 한 병에는 좋은 말을, 다른 한 병에는 나쁜 말을 적어 두고 아이와 함께 틈나는 대로 두 병에게 말을 했다. 처음에는 두 병 모두 안에서 분홍색 곰팡이가 피어나기 시작했다. 그런데 좋은 말 병은 곰팡이 진행 과정이 멈춘 반면, 나쁜 말 병은 점차로 파란색 곰팡이로 변해 갔다. 2주 정도 되자 좋은 말 병의 분홍색 곰팡이는 더 이상 퍼지지 않은 채 하얗게 변했다. 나쁜 말 병은 점차 진녹색으로 더 진하게 피었다. 우리가 한 2주간의 실험 결과만으로도 4주 걸린 TV 실험 결과를 수긍할 수 있었다. TV 실험 결과, 좋은 말 병에는 분홍색에 누룽지의 구수한 냄새가 났고, 나쁜 말 병에는 검푸른 색에

퀴퀴한 냄새가 났다.

이렇듯 밥에도 좋은 말과 나쁜 말을 구분하는 귀가 있다. 하물며 하루에도 수십 번 부모의 말을 듣는 아이들은 어떨까. 엄마가 무심코 던지는 가벼운 말일지라도 말의 영향은 대단해서 그 말대로 성장한다.

〈되는 일 하나도 없네〉라는 말을 뱉을 수밖에 없는 부정적인 연쇄 반응을 경험해 봤을 것이다. 어떤 일로 짜증이 나 있었는데 그것에 신경 쓰다 보니, 다른 일을 놓치고 그러다가 화가 나 마우스로 책상을 치니 책상 유리가 깨지는 것이다. 우리의 뇌는 중요하다고 생각하는 것에만 집중한다. 우리가 오감을 통해 뇌에 1천1백만 개의 정보를 보내지만 뇌는 중요하다고 생각되는 40여 개밖에 저장할 수 없다고 한다. 뇌는 현실과 비현실을 구분하지 못한다. 자신도 모르게 보고 듣고 느낀 것을 편집하는데 결국 자신이 원하는 것, 믿는 것, 생각하는 것만 남는다. 결국 부정을 선택하든 긍정을 선택하든 뇌는 자신이 선택한 것에만 집중한다.

UCLA의 심리학과 교수 셸리 테일러Sally Taylor는 〈자신과 세상에 대한 긍정적 착각은 자신의 역량을 과대평가하게 하고 미래에 대한 비현실적 기대감을 갖게 한다〉고 했다. 그러나 이러한 긍정적 착각이 인간을 더 행복하게 하기도, 성공으로 이끌기도 한다. 긍정적 착각을 통해 피아니스트로 성공한 이희아 씨는 네 손가락으로 피아노를 칠 수 있다는 착각을 하고 살았다. 언젠가는 세계 최고가 될 거라는 착각은 현실로 이루어졌다. 긍정적 사고는 동기를 부여하고 행복하도록 도움을 주고 성공할 수 있다는 자신감을 안긴다.

인간은 생존을 위해 긍정적 DNA보다 부정적 DNA가 더 발달했다. 언제

잡아먹힐지 모르는 약한 토끼가 위험을 감지하기 위해 귀가 발달되어 있는 것처럼 인간 역시 위험을 더 예민하게 감지한다. 위험한 상황에 놓이거나 실패하는 상황에 놓이면 더더욱 부정적 사고에 사로잡히곤 한다. 그러나 원하지 않은 부정적인 감정도 결국 자신이 선택한 것이다.

인디언 추장이 손자에게 자신의 내면에 일어나고 있는 〈큰 싸움〉에 관해 이야기했다. 〈얘야, 우리 모두의 마음속에서 두 마리의 늑대가 살고 있단다. 한 마리는 매사 부정적인 늑대로 그놈이 가진 것은 화, 질투, 슬픔, 탐욕, 죄의식, 열등감, 거짓 그리고 이기심이란다. 다른 한 마리는 좋은 늑대인데 그놈이 가진 것은 기쁨, 평안, 사랑, 소망, 인내심, 평온함, 친절, 진실 그리고 믿음이란다.〉 손자가 추장 할아버지에게 물었다. 〈어떤 늑대가 이기나요?〉 이에 추장은 이렇게 말했다. 〈내가 먹이를 주는 놈이 이기지.〉 결국 어떤 늑대에게 먹이를 줄 건지는 자신의 선택이다.

나쁜 행동보다 좋은 행동에 반응하라

물이 반 담긴 잔을 보고 〈반밖에 안 남았네〉라고 말하는 부류와 〈반이나 남았네〉로 말하는 부류가 있다. 객관적인 현상은 변하지 않지만, 사람은 긍정적이 될 수도, 부정적이 될 수도 있는 버튼을 손에 쥐고 있다. 어떤 버튼을 누르느냐에 따라 삶의 결과는 확연하게 달라진다. 외동아이를 키우는 엄마라면 반드시 긍정의 버튼을 눌러야 한다. 나는 엄마가 되면서 어떠한 상황에서도 긍정의 버튼을 누르기로 결심했다.

잘못 내린 기차역에서의 실수가 영화 속 한 장면에 나올 법한 멋진 성으로 나를 안내해 주었고, 거리를 헤맬 때는 직접 손을 이끌고 숙소를 안내해 주는 사람들도 만났다. 지갑을 도난당해 그 도시에서 써야 할 경비를 잃은 적도 있지만 남은 여행을 망치고 싶지 않아 그 돈을 더 필요로 하는 아이에게 기부했다고 생각하며 다시 여행을 떠났다. 힘든 상황에서도 부정적인 면을 선택하면 좋은 일이 하나도 생기지 않는다는 것을 알았다. 어떤 상황에서도 긍정적인 면을 보았고 이런 나를 스스로 칭찬하고 격려하며 세상에 대한 자신감을 키워 갔다. 그런 긍정적 자신감은 아이에게 전해졌고, 아이도 주변에서 〈초긍정이야!〉라는 말을 들을 정도로 긍정의 습관을 길렀다. 경험이 인생을 만든다. 경험은 롤러코스터와 같아서 올라갈 때가 있으면 내려올 때도 있고, 잃는 것이 있으면 얻을 때도 있다. 올라갔을 때 즐기고, 내려갔을 때는 다시 올라간다는 믿음을 갖고 기다리면 긍정적이 될 수 있다. 〈아이는 성장의 힘을 갖고 태어났다〉는 말을 되새기며 안 좋은 상황 역시 아이가 크는 과정이고 그걸 이겨 내면 다시 자기 본래 자리로 돌아올 거라고 믿었다. 이러한 생각은 부정적인 상황에서도 긍정적으로 앞을 바라보는 힘이 되었다.

외동아이를 키우면서 의도적으로 두 가지를 마음속에 새기면서 살았다. 직장인 엄마로서 많은 시간을 함께 하지 못했고 형제도 만들어 주지 못했지만 꼭 해주었던 것은 마음을 데워 줄 〈따뜻한 말〉과 몸을 데워 줄 〈따뜻한 밥〉이었다. 말에는 향기가 있어 좋은 말을 하면 하는 사람도, 듣는 사람도 기분이 좋다. 나는 하루를 시작하는 순간 따뜻하고 상냥한 말투로 시작했고 잠자리에 들 때는 따뜻한 격려로 마무리했다. 곤히 잠든 아이를 깨울 때는 아이의 배에 방귀 뽀뽀를 하면서 〈아침이야. 예쁜이, 얼른 일어나야지〉 하면서 꼭 안아 주었다. 다 큰 지금까지도 좋은 말로 아이의 귀를 즐겁게 해주고, 미소 짓는 모습으로 눈을 즐겁게 해주고, 따뜻한 손길로 자주 안아 주며 아이에게 사랑을 전한다. 아침에 눈을 뜨자마자 무엇을 보고 듣는가에 따라 하루의 기분이 결정된다. 다른 엄마들이 아이들의 나쁜 행동에 초점을 둘 때 나는 좋은 행동에 초점을 두었다. 아이의 나쁜 행동보다는 좋은 행동에 더 크게 반응했다.

칼 왈렌다Karl Wallenda는 전설적인 공중 줄타기 곡예사로, 보호망 없이 생명을 담보로 줄타기하는 사람으로 유명했다. 그는 〈줄에 서 있을 때만이 사는 것이다. 나머지는 모두 기다리는 것이다〉라고 말할 정도로 몰두하는 삶을 살았다. 그러나 안타깝게도 매번 잘해 오던 줄타기에서 떨어져 목숨을 잃고 말았다. 다들 의아해 할 때 부인은 그의 죽음은 예견된 것이라며 다음과 같이 말했다. 〈그이는 예전과 달리 줄 위에서 걷는 것을 집중하기보다 떨어지지 않는 것에 집중했다.〉 아이를 기르는 것은 어쩌면 줄 위를 걷는 일인지 모른다. 걱정하기보다는 내일은 더 멋있을 거라는 무조건적인 긍정의 마음을 갖고 나아가야 한다.

긍정적인 말의 힘은 지능까지 바꿀 정도로 강력하다. 밥도 부정적인 소리를 들으면 고약하게 썩어 버리는데, 소소한 것부터 엄마가 하는 모든 것을 듣고 보는 아이들은 얼마나 많은 영향을 받을지 실험해 보지 않아도 뻔하다. 자신이 쓰는 말은 곧 자신임을 잊지 말자. 말에는 교양, 지식, 가치관, 성격 등 모든 것이 드러난다. 좋은 말은 좋은 사람에게서 나오고, 좋은 아이는 좋은 엄마에게서 나온다. 한마디 한마디가 내 하나뿐인 아이의 운명을 만든다는 생각으로 〈어제도 멋졌고 오늘도 멋지고 내

일은 더 멋질 거야〉라고 말하자. 긍정의 힘은 엄마와 아이 모두를 행복한 길로 안내하는 등불이다.

외동아이
이렇게
키웠습니다

초판 1쇄 발행 2018년 9월 27일
초판 2쇄 발행 2019년 8월 15일

지은이 | 엄주하
발행인 | 장인형
임프린트 대표 | 노영현
책임편집 | 김미정
일러스트레이터 | PATAGUM

펴낸 곳 | 다독다독
출판등록 제313-2010-141호
주소 서울특별시 마포구 월드컵북로4길 77, 3층
전화 02-6409-9585
팩스 0505-508-0248
이메일 dadokbooks@naver.com

ISBN 978-89-98171-71-1 03590

잘못된 책은 구입한 곳에서 바꾸실 수 있습니다.
다독다독은 틔움출판의 임프린트입니다.